敦煌及周边区域荒漠植物图鉴

李永华　辛智鸣　刘吉仓　等 编著

中国林業出版社

图书在版编目(CIP)数据

敦煌及周边区域荒漠植物图鉴 / 李永华等编著. --
北京 : 中国林业出版社, 2024.7
ISBN 978-7-5219-2541-8

Ⅰ. ①敦… Ⅱ. ①李… Ⅲ. ①荒漠—植物—敦煌—图
集 Ⅳ. ①Q948.44-64

中国国家版本馆CIP数据核字(2024)第007439号

策划编辑：肖静
责任编辑：肖静　邹爱
装帧设计：北京八度出版服务机构

出版发行：中国林业出版社
　　　　（100009，北京市西城区刘海胡同 7 号，电话 83143577）
电子邮箱：cfphzbs@163.com
网址：www.cfph.net
印刷：北京中科印刷有限公司
版次：2024 年 7 月第 1 版
印次：2024 年 7 月第 1 次
开本：889mm×1194mm　1/32
印张：7.125
字数：268 千字
定价：68.00 元

编辑委员会

主　　编：李永华　辛智鸣　刘吉仓

副 主 编：朱金雷　马　媛　董　雪

编　　委：李　星　姚　斌　罗凤敏　李新乐
段瑞兵　包岩峰　黄雅茹　杨　柳
李思瑶　朱晓霞

前言

敦煌位于河西走廊最西端，是古丝绸之路上重要的中转站。西邻库姆塔格沙漠和罗布泊洼地，东与瓜州、玉门相连，北部是马鬃山、敦煌北山和吐哈盆地，南接阿尔金山、祁连山。盆地中下部为暖温带大陆性干旱气候，植被主要聚集在湿地、河流、冲洪沟，其他区域地表大面积裸露，为戈壁和沙漠。随海拔升高，气温降低、降雨增加，植被从荒漠过渡为荒漠草原、高寒草原、高寒草甸。

由于该区域面积宽阔、位置偏僻、交通不便，至今为止仍缺乏较为完整的野生植物图鉴和名录，大多数游人，甚至当地人民对区域所属植物缺乏基本认识，这成为敦煌这座历史文化名城的一件憾事。

2007年以来，在库姆塔格沙漠综合科学考察基础上，依托甘肃敦煌、库姆塔格荒漠生态系统国家定位观测研究站、甘肃敦煌市生态保护工作站、甘肃敦煌西湖国家级自然保护区管护中心、甘肃敦煌阳关国家级自然保护区管护中心，在中国林业科学研究院基本科研业务费专项“生态引水对敦煌植物群落结构与区域水文循环的影响（CAFYBB2020ZE005）”，自然科学基金“极干旱区洪水驱动的植物分布格局与生存策略（41671049）”，科技基础资源调查专

项子课题“河西走廊西段荒漠主要植物群落调查（2017FY100203-1）”，酒泉市党河水资源管理局委托的“敦煌西湖保护区及周边生态本底核查及生态水文监测专题分析研究（JQDHXHSTSW/JC-2018.06）”及敦煌市生态保护工作站委托的“敦煌市野生动植物调查”等课题资助下，笔者逐步完成了敦煌盆地、库姆塔格沙漠、马鬃山、敦煌北山、阿尔金山、祁连山西段、吐哈盆地中部和南部、苏干湖盆地等区域40万km^2的植被调查。

对海拔3300m（年降水量约200mm）以下的植物，通过植物名录收集、标本采集、照片拍摄，比对查阅相关文献书籍，请教相关专家，整理形成《敦煌及周边区域荒漠植物图鉴》，含常见旱生、湿生和盐生植物在内共收录34科119属193种野生植物。受植物分类知识、摄影技术、野外工作难度等限制，个别需要从微观辨识的物种可能存在分类错误，敬请大家批评指正。

本书在编写过程中得到内蒙古大学赵利清教授、甘肃治沙研究所李德禄研究员等一线专家指导，深表感谢。

编辑委员会

2023年9月

目 录

前 言

裸子植物门GYMNOSPERMAE

麻黄科Ephedraceae 002

麻黄属*Ephedra* L. 002

被子植物门ANGIOSPERMAE

杨柳科Salicaceae 006

杨属*Populus* L. 006

柳属*Salix* L. 007

榆科Ulmaceae 008

榆属*Ulmus* L. 008

蓼科Polygonaceae 009

木蓼属*Atraphaxis* L. 009

沙拐枣属*Calligonum* L. 012

蓼属*Polygonum* L. 014

大黄属*Rheum* L. 016

藜科Chenopodiaceae 017

沙蓬属*Agriophyllum* M. Bieb. 017

假木贼属*Anabasis* L. 018

滨藜属*Atriplex* L. 020

轴藜属*Axyris* L. 023

雾冰藜属 *Bassia* All. 024
藜属 *Chenopodium* L. 025
虫实属 *Corispermum* L. 027
盐节木属 *Halocnemum* Bieb. 030
盐生草属 *Halogeton* C. A. Mey. 031
盐穗木属 *Halostachys* C. A. Mey. ex Schrenk 032
梭梭属 *Haloxylon* Bunge 033
盐爪爪属 *Kalidium* Moq. 034
地肤属 *Kochia* Roth 037
驼绒藜属 *Krascheninnikovia* Gueld. 039
盐角草属 *Salicornia* L. 041
猪毛菜属 *Salsola* L. 042
碱蓬属 *Suaeda* Forsk. ex Scop. 048
合头草属 *Sympegma* Bunge 050

石竹科 Caryophyllaceae 051
裸果木属 *Gymnocarpos* Forssk. 051

毛茛科 Ranunculaceae 052
铁线莲属 *Clematis* L. 052
碱毛茛属 *Halerpestes* E. L. Greene. 056

山柑科 Capparaceae 057
山柑属 *Capparis* Tourn. ex L. 057

十字花科 Brassicaceae 058
糖芥属 *Erysimum* L. 058
花旗杆属 *Dontostemon* Andrz. ex. C. A. Mey. 059
独行菜属 *Lepidium* L. 060
睹南芥属 *Stevenia* Adams ex Fisch. 062

景天科 Crassulaceae 063
瓦松属 *Orostachys* Fisch. 063

蔷薇科 Rosaceae 064
沼委陵菜属 *Comarum* L. 064
委陵菜属 *Potentilla* L. 065
金露梅属 *Pentaphylloides* Ducham. 068

豆科 Fabaceae 069
骆驼刺属 *Alhagi* Gagneb. 069
黄芪属 *Astragalus* L. 070
山竹子属 *Corethrodendron* Fisch. et Basin. 074
甘草属 *Glycyrrhiza* L. 076
棘豆属 *Oxytropis* DC. 078
槐属 *Sophora* L. 080
苦马豆属 *Sphaerophysa* DC. 081
锦鸡儿属 *Caragana* Fabr. 082

白刺科 Nitrariaceae 083
白刺属 *Nitraria* L. 083

蒺藜科 Zygophyllaceae 088
骆驼蓬属 *Peganum* L. 088
蒺藜属 *Tribulus* L. 090
驼蹄瓣属 *Zygophyllum* L. 091
霸王属 *Sarcozygium* Bunge 096

锦葵科 Malvaceae 097
木槿属 *Hibiscus* L. 097

柽柳科 Tamaricaceae 098
红砂属 *Reaumuria* L. 098
柽柳属 *Tamarix* L. 101
水柏枝属 *Myricaria* Desv. 108

锁阳科 Cynomoriaceae 109
锁阳属 *Cynomorium* L. 109

报春花科 Primulaceae ······ 110
海乳草属 *Glaux* L. ······ 110

白花丹科 Plumbaginaceae ······ 111
补血草属 *Limonium* Mill. ······ 111

夹竹桃科 Apocynaceae ······ 113
罗布麻属 *Apocynum* L. ······ 113

萝藦科 Asclepiadaceae ······ 115
鹅绒藤属 *Cynanchum* L. ······ 115

旋花科 Convolvulaceae ······ 117
打碗花属 *Calystegia* R. Br. ······ 117
旋花属 *Convolvulus* L. ······ 118
菟丝子属 *Cuscuta* L. ······ 120

紫草科 Boraginaceae ······ 121
软紫草属 *Arnebia* Forsk. ······ 121
紫丹属 *Tournefortia* L. ······ 125
鹤虱属 *Lappula* Moench ······ 126

马鞭草科 Verbenaceae ······ 127
莸属 *Caryopteris* Bunge ······ 127

茄科 Solanaceae ······ 128
枸杞属 *Lycium* L. ······ 128

玄参科 Scrophulariaceae ······ 130
野胡麻属 *Dodartia* L. ······ 130

列当科 Orobanchaceae ······ 131
肉苁蓉属 *Cistanche* Hoffmanns. et Link. ······ 131

车前科 Plantaginaceae ······ 133
车前属 *Plantago* L. ······ 133

菊科 Asteraceae……135
蒿属*Artemisia* L.……135
紫菀木属*Asterothamnus*……145
紊蒿属*Elachanthemum* Ling et. Y. R. Ling……146
松果菊属*Launaea* Cass.……147
旋覆花属*Inula* L.……148
花花柴属*Karelinia* Less.……149
百花蒿属*Stilpnolepis* Krasch.……150
亚菊属*Ajania* Poljak.……151
鸦葱属*Scorzonera* L.……153
碱菀属 *Tripolium* Ness……156
蓟属*Cirsium* Mill.……157
顶羽菊属*Acroptilon* Cass.……159
小甘菊属*Cancrinia* Kar. et Kir.……160
短舌菊属*Brachanthemum* DC.……161
蓝刺头属*Echinops* L.……162
莴苣属*Lactuca* L.……163
风毛菊属*Saussurea* DC.……164
苦荬菜属*Sonchus* L.……167
蒲公英属*Taraxacum* F. H. Wigg.……168
假还阳参属*Crepidiastrum* Nakai……169
苍耳属*Xanthium* L.……170
苦苣菜属*Sonchus* L.……171

眼子菜科 Potamogetonaceae……172
水麦冬属*Triglochin* L.……172

禾本科 Gramineae……173
芨芨草属*Achnatherum* P. Beauv.……173
獐毛属*Aeluropus* Trin.……174
针禾属*Stipagrostis* Nees……175
三芒草属*Aristida* L.……176

拂子茅属 *Calamagrostis* Adans. 177
披碱草属 *Elymus* L. 179
画眉草属 *Eragrostis* Wolf 180
赖草属 *Leymus* Hochst. 182
芦苇属 *Phragmites* Adans. 184
针茅属 *Stipa* L. 185
针禾属 *Stipagrostis* Nees 189
狗尾草属 *Setaria* P. Beauv. 191
马唐属 *Digitaria* Hill. 192
隐花草属 *Crypsis* Aiton 193
虎尾草属 *Chloris* Swartz 194
稗属 *Echinochloa* P. Beauv. 195
狼尾草属 *Pennisetum* Rich. 196
隐子草属 *Cleistogenes* Keng 197

莎草科 Cyperaceae 198
薹草属 *Carex* L. 198
水葱属 *Schoenoplectus* (Rchb.) Pall. 199
藨草属 *Scirpus* L. 200

百合科 Liliaceae 201
葱属 *Allium* L. 201
天门冬属 *Asparagus* L. 204

鸢尾科 Iridaceae 207
鸢尾属 *Iris* L. 207

中文名索引 209

学名索引 213

GYMNOS

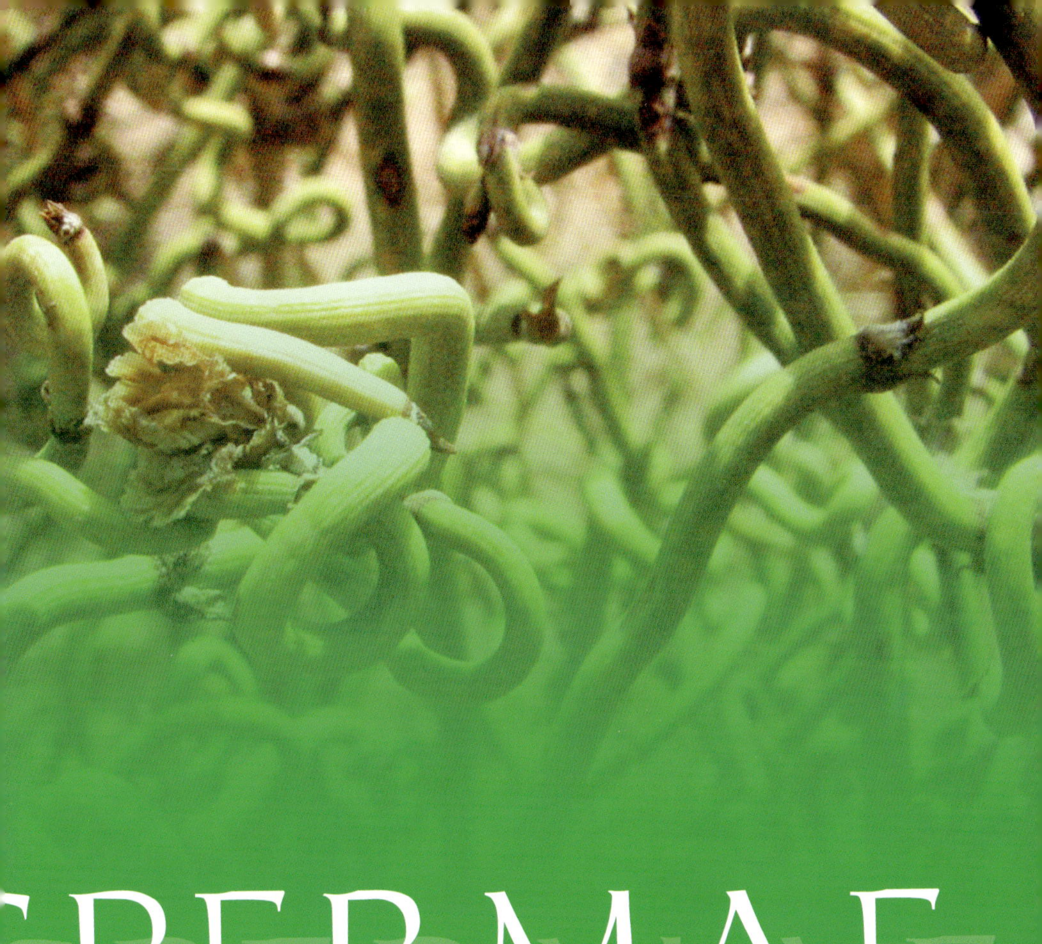

SPERMAE

SPERMAE

裸子植物门

麻黄科Ephedraceae 麻黄属*Ephedra* L.

膜果麻黄 *Ephedra przewalskii* Stapf

形态特征 灌木，高50～240cm。木质茎明显，茎上部多枝，老枝黄绿色，小枝绿色，分枝基部再生小枝形成假轮生状。叶通常3裂，间有2裂，裂片三角形或长三角形。球花通常无梗，常多数密集成团状的复穗花序；雄球花淡褐色或褐黄色，近圆球形，苞片3～4轮，每轮3片，稀2片对生，膜质，黄色或淡黄绿色，三角状宽卵形或宽倒卵形，雄蕊7～8；雌球花淡绿褐色或淡红褐色，近圆球形，苞片4～5轮，每轮3片，稀2片对生，干燥膜质，扁圆形或三角状扁卵形，雌球花成熟时苞片增大成半透明的薄膜状，淡棕色。种子通常3粒，稀2粒，包于膜质苞片内，暗褐红色，长卵圆形，顶端细窄成尖突状，表面具细密纵皱纹。花期5～6月，种子成熟期7～8月。

分布与生境 常见于敦煌及周边地区干旱戈壁与山麓，在水分稍充足的地区常形成大面积的群落，或与梭梭、柽柳、沙拐枣等旱生植物混生。

麻黄科Ephedraceae 麻黄属*Ephedra* L.

木贼麻黄 *Ephedra equisetina* Bunge

形态特征 直立小灌木，高达1 m。木质茎粗长，直立，稀部分匍匐状，基部径达1～1.5cm。小枝细，节间短，纵槽纹细浅不明显，常被白粉呈蓝绿色或灰绿色。叶2裂，裂片短三角形，先端钝，上部约1/4分离。雄球花单生或3～4个集见于节上，无梗或开花时有短梗，卵圆形或窄卵圆形，苞片3～4对，假花被近圆形，雄蕊6～8，花丝全部合生，花药2室，稀3室；雌球花常2个对生于节上，窄卵圆形或窄菱形，苞片3对，菱形或卵状菱形，雌花1～2，雌球花成熟时肉质红色，长卵圆形或卵圆形，具短梗。种子通常1粒，具明显的点状种脐与种阜。花期6～7月，种子成熟期8～9月。

分布与生境 见于干旱地区的山脊、山顶及岩壁等处，偶见与北山及阿尔金山。

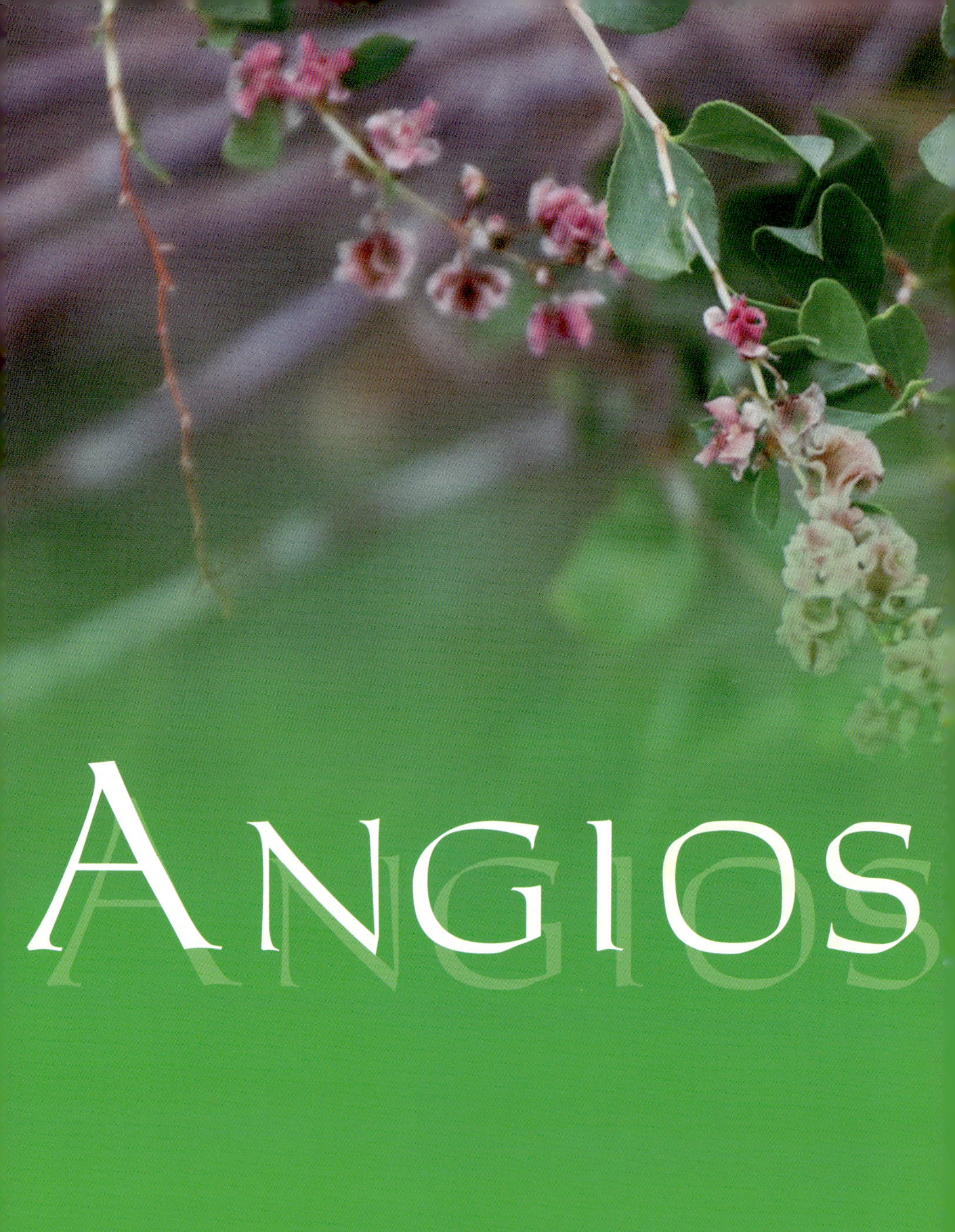

ANGIOS

被子植物门

杨柳科 Salicaceae　杨属 *Populus* L.

胡杨 *Populus euphratica* Oliv.

形态特征 乔木，高10～15m。树皮淡灰褐色，下部条裂。萌枝细，圆形，光滑。芽椭圆形，光滑，褐色；萌枝叶披针形或线状披针形，全缘或不规则的疏波状齿牙缘；叶形多变化，卵圆形、卵圆状披针形、三角伏卵圆形或肾形，先端有粗齿牙，基部楔形、阔楔形、圆形或截形，两面同色；叶柄微扁，约与叶片等长，萌枝叶柄极短。雄花序细圆柱形，轴有短绒毛，雄蕊15～25，花药紫红色，花盘膜质，边缘有不规则齿牙，苞片略呈菱形；雌花序长约2.5cm，花序轴有短绒毛或无毛，子房长卵形，被短绒毛或无毛。蒴果长卵圆形，2～3瓣裂。花期5月，果期7～8月。

分布与生境 常见于敦煌及周边地区湿地、沟谷有出露泉水的地区。

杨柳科 Salicaceae　柳属 *Salix* L.

线叶柳 *Salix wilhelmsiana* M. Bieb.

形态特征 灌木或小乔木，高达5～6m。小枝细长，末端半下垂，紫红色或栗色，被疏毛，稀近无毛。芽卵圆形钝，先端有绒毛。叶线形或线状披针形，嫩叶两面密被绒毛，后仅下面有疏毛，边缘有细锯齿，稀近全缘；叶柄短，托叶细小，早落。花序与叶近同时开放，密见于上年的小枝上；雄花序近无梗，雄蕊2，花丝无毛，花药黄色，初红色，球形，苞片卵形或长卵形，淡黄色或淡黄绿色，外面和边缘无毛，稀有疏柔毛或基部较密；雌花序细圆柱形，基部具小叶，子房卵形，密被灰绒毛，无柄，花柱较短，红褐色，柱头几乎直立，全缘或2裂，苞片卵圆形，淡黄绿色。花期5月，果期6月。

分布与生境 偶见于阿尔金山北坡海拔1500～2000m的河谷。

榆科 Ulmaceae 榆属 *Ulmus* L.

榆树 *Ulmus pumila* L.

形态特征 落叶乔木，高达25m，胸径1m，在干瘠之地长成灌木状。幼树皮平滑，灰褐色或浅灰色，大树皮暗灰色，不规则深纵裂。小枝无毛或有毛，淡黄灰色、淡褐灰色或灰色，有散生皮孔。冬芽近球形或卵圆形。叶椭圆状卵形、长卵形、椭圆状披针形或卵状披针形，先端渐尖或长渐尖，基部偏斜或近对称，叶面平滑无毛，叶背幼时有短柔毛，边缘具重锯齿或单锯齿，侧脉每边9～16条。花先叶开放，在二年生枝的叶腋成簇生状。翅果近圆形，顶端缺口柱头面被毛，果核位于翅果中部，初淡绿色，后白黄色，宿存花被无毛，4浅裂，裂片边缘有毛，果梗被短柔毛。花果期3～6月。

分布与生境 见于党河、榆林河河谷等处。

蓼科Polygonaceae 木蓼属*Atraphaxis* L.

沙木蓼*Atraphaxis bracteata* A. Los.

形态特征 直立灌木，高1～1.5m。主干粗壮，淡褐色，直立，无毛，具肋棱多分枝。枝延伸，褐色，斜升或成钝角叉开，平滑无毛，顶端具叶或花。托叶鞘圆筒状，膜质，上部斜形，顶端具2个尖锐牙齿；叶革质，长圆形或椭圆形，当年生枝上者披针形，顶端钝，具小尖，基部圆形或宽楔形，边缘微波状，下卷，两面均无毛，侧脉明显；叶柄无毛。总状花序，顶生；苞片披针形，上部钻形，膜质，具1条褐色中脉，每苞内具2～3花；花梗长4mm；花被片5，绿白色或粉红色，内轮花被片卵圆形，不等大，网脉明显，边缘波状，外轮花被片肾状圆形，果时平展，不反折，具明显的网脉。瘦果卵形，具3棱，黑褐色，光亮。花果期6～8月。

分布与生境 多见于敦煌北山、马鬃山一带，海拔1000～1500m。

蓼科Polygonaceae　木蓼属*Atraphaxis* L.

锐枝木蓼*Atraphaxis pungens* (M.B.) Jaub. et Spach.

形态特征 灌木，高达1.5 m。主干直而粗壮，多分枝。树皮灰褐色呈条状剥离。木质枝，弯拐，顶端无叶，刺状；当年生枝短粗，白色，无毛，顶端尖，生叶或花。托叶鞘筒状，基部褐色，具不明显的脉纹，膜质，透明，顶端具2个尖锐的牙齿；叶宽椭圆形或倒卵形，蓝绿色或灰绿色，顶端圆，基部圆形或宽楔形，渐狭成短柄，边缘全缘或有不明显的波状牙齿，两面无毛，具突起的网脉。总状花序短，侧见于当年生枝条上；花梗长；花被片5，粉红色或绿白色，内轮花被片3，圆心形，外轮花被片2，卵圆形或宽椭圆形。瘦果卵圆形，具3棱，黑褐色，平滑，光亮。花期5～8月。

分布与生境 见于北山、敦煌及周边干旱砾石坡地和河谷漫滩。

蓼科 Polygonaceae　木蓼属*Atraphaxis* L.

梨叶木蓼*Atraphaxis pyrifolia* Bunge

形态特征 灌木，高约1 m。多分枝。主干粗壮，弯拐。树皮灰褐色，呈条状剥离。木质枝灰白色，直立或弯拐，顶端无叶，具刺；当年生枝顶端刺状，无毛。托叶鞘圆筒状，基部淡褐色，膜质，透明，深裂为2～3披针形或宽披针形的裂片；叶宽椭圆形或倒卵形，绿色，纸质，顶端急尖，稀圆钝或微凹，基部圆形或楔形，边缘全缘或具锯齿，两面均无毛，有突起的网脉；叶柄短。总状花序侧生于当年生枝条，花多数，排列紧密；花梗长约1cm；花被片5，淡黄色或黄红色，内轮花被片3，果时宽椭圆形或圆心形，外轮花被片2，卵形或狭卵形，果时向下反折。瘦果菱状卵形，淡褐色，具3棱，平滑，光亮。花果期5～6月。

分布与生境 见于北山、马鬃山干旱山坡及砾石荒地，海拔730～1500m。

蓼科 Polygonaceae 沙拐枣属 *Calligonum* L.

戈壁沙拐枣 *Calligonum gobicum* (Bge. ex Meisn.) A. Los.

形态特征 灌木，高0.8～1m。老枝木质，灰色；当年生幼枝灰绿色。叶线形，长1～5mm。花淡红色，花梗细长，长2～3mm，中下部有关节；花被片宽椭圆形，果时反折。果实（包括刺）宽卵形，长11～18mm，宽10～15mm；瘦果长圆形，不扭转或微扭转，肋钝圆，较宽，沟槽深；2行刺排于果肋边缘，每行6～9枚，通常稍长或等长于瘦果宽度，稀疏，较粗，质脆，易折断，基部稍扩大，分离。果期6～7月。

分布与生境 见于阿尔金山北麓山前洪积扇、流动和半固定沙丘，海拔650～1600m。

蓼科Polygonaceae 沙拐枣属*Calligonum* L.

沙拐枣*Calligonum mongolicum* Turcz.

形态特征 又名蒙古沙拐枣。灌木，高25～150cm。老枝灰白色或淡黄灰色，开展，拐曲；当年生幼枝草质，灰绿色，有关节。叶线形，长2～4mm。花白色或淡红色，通常2～3朵，簇生叶腋；花梗细弱，下部有关节；花被片卵圆形，果时水平伸展。果实（包括刺）宽椭圆形，通常长8～12mm；瘦果不扭转、微扭转或极扭转，条形、窄椭圆形至宽椭圆形；果肋突起或突起不明显，沟槽稍宽或狭窄，每肋有刺2～3行；刺细弱，毛发状，质脆，易折断，较密或较稀疏，基部不扩大或稍扩大。花期5～7月，果期6～8月，在新疆东部，8月出现第二次花果。

分布与生境 常见于敦煌及周边流动沙丘、半固定沙丘、固定沙丘、沙砾质荒漠和砾质荒漠的粗沙积聚处，海拔500～1800m。

蓼科 Polygonaceae 蓼属 *Polygonum* L.

萹蓄 *Polygonum aviculare* L.

形态特征 一年生草本。茎平卧、上升或直立，高10～40cm。自基部多分枝，具纵棱。叶椭圆形、狭椭圆形或披针形，长1～4cm，宽3～12mm，顶端钝圆或急尖，基部楔形，边缘全缘，两面无毛，下面侧脉明显；叶柄短或近无柄，基部具关节；托叶鞘膜质，下部褐色，上部白色，撕裂脉明显。花单生或数朵簇生于叶腋，遍布于植株；苞片薄膜质；花梗细，顶部具关节；花被5深裂，花被片椭圆形，长2～2.5mm，绿色，边缘白色或淡红色；雄蕊8，花丝基部扩展；花柱3，柱头头状。瘦果卵形，具3棱，长2.5～3mm，黑褐色，密被由小点组成的细条纹，无光泽，与宿存花被近等长或稍超过。花期5～7月，果期6～8月。

分布与生境 常见于敦煌及周边地区农田路边、沟边湿地，海拔800～1400m。

蓼科Polygonaceae 蓼属*Polygonum* L.

西伯利亚蓼*Polygonum sibiricum* Laxm.

形态特征 多年生草本，高10～25cm。根状茎细长。茎外倾或近直立，自基部分枝，无毛。叶片长椭圆形或披针形，无毛，长5～13cm，宽0.5～1.5cm，顶端急尖或钝，基部戟形或楔形，边缘全缘；叶柄长8～15mm；托叶鞘筒状，膜质，上部偏斜，开裂，无毛，易破裂。花序圆锥状，顶生，花排列稀疏，通常间断；苞片漏斗状，无毛，通常每一苞片内具4～6朵花；花梗短，中上部具关节；花被5深裂，黄绿色，花被片长圆形，长约3mm；雄蕊7～8，稍短于花被，花丝基部较宽；花柱3，较短，柱头头状。瘦果卵形，具3棱，黑色，有光泽，包于宿存的花被内或突出。花果期6～9月。

分布与生境 常见于农田路边、湖边、河滩、山谷湿地、沙质盐碱地，海拔800～1500m。

蓼科 Polygonaceae　大黄属 *Rheum* L.

矮大黄 *Rheum nanum* Siev. ex Pall.

形态特征 矮小粗壮草本，高20～35cm。根为直或弯曲的长圆柱状，直径2～4cm，内部白色。无茎，根状茎顶部被多层棕色膜质托叶鞘包围。托叶鞘光滑无毛；基生叶2～4片，叶片革质，肾状圆形或近圆形，长6～14cm，宽8～16cm，稀更大，顶端阔圆，基部圆形或极浅心形，近全缘或略不整齐，叶脉掌状，基出脉3～5条，叶上面黄绿色，具白色疣状突起，下面色较浅，无毛；叶柄短粗，长2～4.5cm，直径7～9mm，具细沟棱，光滑无毛。花序由根状茎顶端生出，自近中部分枝，形成宽阔圆锥花序，小枝粗壮，具纵棱线，光滑无毛；花成簇密生，苞片鳞片状；花梗较粗壮，长1.5～3mm，无关节；花被片近肉质，黄白色，常具紫红色晕染，外轮3片小，条状披针形，长2～2.5mm，宽约1mm，中间具1条纵脊，上端略呈龙骨状，内轮3片大，宽椭圆形至宽卵形，长约3.5mm，宽2.5～3mm；花盘环状，略肥厚呈肉质；雄蕊9，着生花盘边缘，短而不外露，子房棱状椭圆形，花柱较粗而反曲，柱头膨大成倒圆锥状。果实肾状圆形，长10～12mm，宽12～14mm，红色，纵脉靠近翅的边缘。种子卵形，宽约5mm；宿存花被明显增大，几全遮盖着种子。花期5～6月，果期7～9月。

分布与生境 见于敦煌北山、马鬃山山坡、山沟砂砾地，海拔700～2000m。

藜科 Chenopodiaceae

沙蓬属*Agriophyllum* M. Bieb.

沙蓬*Agriophyllum squarrosum* (L.) Moq.

形态特征 一年生草本，高14～60cm。茎直立，坚硬，浅绿色，具不明显的条棱，幼时密被分枝毛，后脱落；由基部分枝，最下部的一层分枝通常对生或轮生，平卧，上部枝条互生，斜展。叶无柄，披针形、披针状条形或条形，长1.3～7cm，宽0.1～1cm，先端渐尖而具小尖头，基部渐狭，叶脉浮凸，纵行。穗状花序紧密，卵圆状或椭圆状，无梗，1～3腋生；苞片宽卵形，先端急缩，具小尖头，背部密被分枝毛；花被片1～3，膜质；雄蕊2～3，花丝锥形，膜质，花药卵圆形。果实卵圆形或椭圆形，两面扁平或背部稍凸，幼时在背部被毛，后期秃净，上部边缘略具翅缘。种子近圆形，光滑，有时具浅褐色的斑点。花果期8～10月。

分布与生境 常见于流动、半固定、固定覆沙地，在肃北、阿克塞地区分布广泛。

藜科 Chenopodiaceae　假木贼属*Anabasis* L.

短叶假木贼*Anabasis brevifolia* C. A. Mey.

形态特征 半灌木，高5～20cm。根粗壮，黑褐色。木质茎极多分枝，灰褐色。小枝灰白色，通常具环状裂隙；当年枝黄绿色。叶条形，半圆柱状，开展并向下弧曲，先端钝或急尖并有半透明的短刺尖；近基部的叶通常较短，宽三角形。花单生叶腋；小苞片卵形，腹面凹，先端稍肥厚，边缘膜质；花被片卵形，先端稍钝，果时背面具翅，翅膜质，杏黄色或紫红色，直立或稍开展，外轮3片花被片，内轮2片花被片；花盘裂片半圆形，稍肥厚，带橙黄色；花药先端急尖；子房表面通常有乳头状小突起；柱头黑褐色。胞果卵形至宽卵形，黄褐色。种子暗褐色，近圆形。花期7～8月，果期9～10月。

分布与生境 常见于北山、马鬃山、崔木土沟山、大红山、小红山等戈壁、冲积扇、干旱山坡等处。

藜科 Chenopodiaceae　假木贼属 *Anabasis* L.

盐生假木贼 *Anabasis salsa* (C. A. Mey.) Benth. ex Volkens

形态特征 半灌木，高10～20cm。木质茎多分枝，灰褐色至灰白色。当年枝多数，直立或斜升；节间圆柱状或稍有棱，平滑。下部及中部叶条形，半圆柱状，长2～5mm，开展并向外弧曲，先端具易脱落的半透明短刺状尖；上部叶鳞片状，三角形，先端稍钝，无刺状尖。花单生叶腋，于枝端集成短穗状花序；小苞片背面肥厚，边缘膜质；花被片长1.5～2mm，外轮3片近圆形，内轮2片宽卵形，先端钝，果时无变化，背面不生翅状附属物；花盘裂片不显著或略呈半圆形；子房卵形，平滑，柱头黑褐色。胞果宽卵形，果皮肉质，黄褐色或稍带红色，顶端露于花被外。花果期8～9月。

分布与生境 偶见于马鬃山戈壁、盐碱荒漠，海拔500～1200m。

藜科 Chenopodiaceae　滨藜属 *Atriplex* L.

中亚滨藜 *Atriplex centralasiatica* Iljin

形态特征 一年生草本，高15～30cm。茎常自基部分枝。枝钝四棱形，黄绿色。叶有短柄；叶片卵状三角形至菱状卵形，长2～3cm，边缘具疏锯齿，先端微钝，基部圆形至宽楔形，上面灰绿色，下面灰白色。花集成腋生团伞花序；雄花花被5深裂，裂片宽卵形，雄蕊5，花丝扁平，基部连合，花药宽卵形至短矩圆形；雌花的苞片近半圆形至平面钟形，边缘近基部以下合生，近基部的中心部鼓胀并木质化，表面具多数疣状或肉棘状附属物，缘部草质或硬化，边缘具三角形牙齿。胞果扁平，宽卵形或圆形，果皮膜质，白色，与种子贴伏。种子直立，红褐色或黄褐色。花期7～8月，果期8～9月。

分布与生境 常见于敦煌及周边戈壁、荒地，有时也侵入农田。

藜科 Chenopodiaceae　滨藜属*Atriplex* L.

滨藜*Atriplex patens* (Litv.) Iljin

形态特征 一年生草本，高20～60cm。茎直立或外倾，无粉或稍有粉，具绿色色条及条棱，通常上部分枝。枝细瘦，斜上。叶互生，或在茎基部近对生；叶片披针形至条形，先端渐尖或微钝，基部渐狭，两面均为绿色，无粉或稍有粉，边缘具不规则的弯锯齿或微锯齿。花序穗状，或有短分枝，通常紧密，于茎上部再集成穗状圆锥状；花序轴有密粉；雄花花被4～5裂，雄蕊与花被裂片同数；雌花的苞片果时菱形至卵状菱形，先端急尖或短渐尖，下半部边缘合生，上半部边缘通常具细锯齿，表面有粉，有时靠上部具疣状小突起。种子二型，扁平，圆形，或双凸镜形，黑色或红褐色，有细点纹。花果期8～10月。

分布与生境 常见于敦煌及周边地区轻度盐碱的湿地、农田、道旁及水分较好的沙地等处，海拔300～2900m。

藜科 Chenopodiaceae | 滨藜属 *Atriplex* L.

西伯利亚滨藜 *Atriplex sibirica* L.

形态特征 一年生草本，高20～50cm。茎通常自基部分枝。枝外倾或斜伸，钝四棱形，无色条，有粉。叶片卵状三角形至菱状卵形，先端微钝，基部圆形或宽楔形，边缘具疏锯齿，上面灰绿色，无粉或稍有粉，下面灰白色，有密粉。团伞花序腋生；雄花花被5深裂，裂片宽卵形至卵形，雄蕊5，花药宽卵形至短矩圆形；雌花的苞片连合成筒状，仅顶缘分离，果时鼓胀，略呈倒卵形，木质化，表面具多数不规则的棘状突起，基部楔形。胞果扁平，卵形或近圆形；果皮膜质，白色，与种子贴伏。种子直立，红褐色或黄褐色。花期6～7月，果期8～9月。

分布与生境 常见于敦煌及周边林地、湖边、渠沿、河岸等处。

藜科 Chenopodiaceae　轴藜属 *Axyris* L.

轴藜 *Axyris amaranthoides* L.

形态特征 一年生草本，高20～80cm。茎直立，粗壮，微具纵纹，毛后期脱落。分枝多集中于茎中部以上，纤细，劲直。叶具短柄，顶部渐尖，基部渐狭，全缘，背部密被星状毛，后期秃净；基生叶大，披针形，叶脉明显；枝生叶和苞叶较小，狭披针形或狭倒卵形，边缘常内卷。雄花序穗状；花被裂片3，狭矩圆形；雄蕊3，与裂片对生，伸出花被外。雌花花被片3，白膜质，背部密被毛，后脱落，侧生的两枚花被片大，宽卵形或近圆形，先端全缘或微具缺刻，近苞片处的花被片较小，矩圆形。果实长椭圆状倒卵形，侧扁，灰黑色，光滑，顶端具一附属物，冠状。花果期8～9月。

分布与生境 见于敦煌及周边林地、湖边、渠沿、河岸等处。

藜科 Chenopodiaceae | 雾冰藜属 *Bassia* All.

雾冰藜 *Bassia dasyphylla* (Fisch. et C. A. Mey.) Kuntze

形态特征 一年生草本，高3～50cm。茎直立，密被水平伸展的长柔毛。分枝多，开展。叶互生，肉质，圆柱状或半圆柱状条形，密被长柔毛，长3～15mm，宽1～1.5mm，先端钝，基部渐狭。花两性，单生或两朵簇生；花被筒密被长柔毛，裂齿不内弯，果时花被背部具5个钻状附属物，三棱状，平直，坚硬；雄蕊5，花丝条形，伸出花被外；子房卵状，花柱短，柱头2，稀3。果实卵圆状。种子近圆形，光滑。花果期7～9月。

分布与生境 常见于敦煌及周边路边、戈壁、盐碱地、沙丘、河流阶地及山前洪积扇上。

藜科 Chenopodiaceae 藜属 *Chenopodium* L.

尖头叶藜 *Chenopodium acuminatum* Willd.

形态特征 一年生草本，高20～80cm。茎直立，具条棱及绿色色条，有时色条带紫红色。枝斜升，较细瘦。叶片宽卵形至卵形，长2～4cm，宽1～3cm，先端急尖或短渐尖，基部宽楔形、圆形或近截形，上面无粉，浅绿色，下面有粉，灰白色，全缘并具半透明的环边。花两性，团伞花序于枝上部排列成紧密的或有间断的穗状或穗状圆锥状花序，花序轴具圆柱状毛束；花被片扁球形，5深裂，裂片宽卵形，边缘膜质，并有红色或黄色粉粒，果时背面大多增厚并彼此合成五角星形；雄蕊5。胞果顶基扁，圆形或卵形。种子横生，直径约1mm，黑色，有光泽，表面略具点纹。花期6～7月，果期8～9月。

分布与生境 常见于敦煌及周边各处荒地、河岸、田边等处。

藜科 Chenopodiaceae　藜属 *Chenopodium* L.

灰绿藜 *Chenopodium glaucum* L.

形态特征 一年生草本，高20～40cm。茎平卧或外倾，具条棱及绿色或紫红色色条。叶片矩圆状卵形至披针形，肥厚，先端急尖或钝，基部渐狭，边缘具缺刻状牙齿，上面无粉，平滑，下面有粉而呈灰白色，有稍带紫红色；中脉明显，黄绿色；叶柄长5～10mm。花两性兼有雌性，通常数花聚成团伞花序，再于分枝上排列成有间断而通常短于叶的穗状或圆锥状花序；花被裂片3～4，浅绿色，稍肥厚，通常无粉，狭矩圆形或倒卵状披针形，先端通常钝；雄蕊1～2，花药球形；柱头2，极短。胞果顶端露出于花被外，果皮膜质，黄白色。种子扁球形，横生、斜生及直立，暗褐色或红褐色，边缘钝，表面有细点纹。花果期5～10月。

分布与生境 常见于敦煌及周边农田、林地、路边、水渠附近等有轻度盐碱的土壤上。

藜科 Chenopodiaceae　虫实属 *Corispermum* L.

绳虫实 *Corispermum declinatum* Steph. ex Iljin.

形态特征 一年生草本，高15～50cm，茎直立，圆柱状。叶条形，长2～6cm，宽2～3cm，先端渐尖而具小尖头，基部渐狭，1脉。穗状花序顶生和侧生，细长，稀疏，圆柱形；苞片较狭，由条状披针形过渡成狭卵形，先端渐尖，基部圆楔形，1脉，具白膜质边缘；花被片1，稀3，近轴花被片宽椭圆形，先端全缘或齿啮状；雄蕊1～3。果实无毛，倒卵状矩圆形，顶端急尖，稀近圆形，基部圆楔形，背面凸出而其中央稍扁平，腹面扁平或稍凹入；果核狭倒卵形，常具瘤状突起；果喙长约0.5mm，直立；果翅窄，全缘或具不规则的细齿。花果期6～9月。

分布与生境 见于敦煌沙质荒地、田边、路旁和河滩上。

藜科 Chenopodiaceae 虫实属 *Corispermum* L.

蒙古虫实 *Corispermum mongolicum* Iljin

形态特征 一年生草本，高10～35cm。茎直立，圆柱形，被毛。分枝多集中于基部，最下部分枝较长，平卧或上升，上部分枝较短，斜展。叶条形或倒披针形，先端急尖具小尖头，基部渐狭，1脉。穗状花序顶生和侧生，细长，稀疏，圆柱形；苞片由条状披针形至卵形，先端渐尖，基部渐狭，被毛，1脉，膜质缘较窄，全部掩盖果实；花被片1，矩圆形或宽椭圆形；雄蕊1～5，超过花被片。果实较小，广椭圆形，顶端近圆形，基部楔形，背部强烈突起，腹面凹入；果核与果同形，灰绿色，具光泽，有时具泡状突起，无毛；果喙极短，喙尖为喙长的1/2；翅极窄，几近无翅，浅黄绿色，全缘。花果期7～9月。

分布与生境 见于敦煌鸣沙山及阳关等地沙质戈壁、固定和半固定沙丘上，海拔1800～2800m。

藜科 Chenopodiaceae　虫实属 *Corispermum* L.

碟果虫实 *Corispermum patelliforme* Iljin

形态特征 一年生草本，高10～45cm。茎直立，圆柱状，分枝多。叶较大，长椭圆形或倒披针形，先端圆形具小尖头，基部渐狭，3脉。穗状花序圆柱状，具密集的花。花序中、上部的苞片卵形和宽卵形，少数下部的苞片宽披针形，先端急尖或骤尖具小尖头，基部圆形，具较狭的白膜质边缘，3脉，果期苞片掩盖果实。花被片3，近轴花被片1，宽卵形或近圆形，远轴花被片2，较小，三角形。雄蕊5，花丝钻形。果实圆形或近圆形，扁平，背面平坦，腹面凹入，棕色或浅棕色，光亮，无毛和其他附属物；果翅极狭，向腹面反卷故果呈碟状。花果期8～9月。

分布与生境 见于敦煌鸣沙山及阳关等地的流动和半流动沙丘上。

藜科 Chenopodiaceae 盐节木属*Halocnemum* Bieb.

盐节木*Halocnemum strobilaceum* (Pall.) Bieb.

形态特征 半灌木，高20～40cm。茎自基部分枝。小枝对生，近直立，有关节，平滑，灰绿色；老枝近互生，木质，平卧或上升，灰褐色，枝上有对生的缩短成芽状的短枝。叶对生，连合。花序穗状，长0.5～1.5cm，直径2～3mm，无柄，见于枝的上部，交互对生；每3朵花极少为2朵花见于一苞片内；花被片宽卵形，两侧的两片向内弯曲，花被的外形成倒三角形；雄蕊1。种子卵形或圆形，直径0.5～0.75mm，褐色，密生小突起。花果期8～10月。

分布与生境 见于疏勒河河谷、敦煌西湖湿地。

藜科 Chenopodiaceae　盐生草属 *Halogeton* C. A. Mey.

盐生草 *Halogeton glomeratus* (M.Beib.) C. A. Mey.

形态特征 又名蛛丝蓬。一年生草本，高10～40cm。茎直立，自基部分枝。枝互生，灰白色，幼时生蛛丝状毛，后期脱落。叶片圆柱形，长3～10mm，宽1.5～2mm顶端钝，有长刺毛。花常4～6朵聚集成团伞花序，腋生；小苞片卵形，边缘膜质；花被片宽披针形，膜质，背面有1条粗壮的脉，果时自背面的近顶部生翅；翅5，半圆形，膜质透明，有多数明显的脉；雄蕊5，花丝狭条形，花药矩圆形，顶端无附属物；子房卵形，柱头2，丝状。果实为胞果，果皮膜质。种子横生，圆形，直径1.0～1.5mm。花果期7～8月。

分布与生境 敦煌及周边戈壁、湿地、覆沙地均有分布。

藜科 Chenopodiaceae 盐穗木属 *Halostachys* C. A. Mey. ex Schrenk

盐穗木 *Halostachys caspica* C. A. Mey.

形态特征 灌木，高50～200cm。茎直立，多分枝。老枝通常无叶，小枝肉质，蓝绿色，有关节，密生小突起。叶鳞片状，对生，顶端尖，基部联合。花序穗状，交互对生，圆柱形，长1.5～3cm，直径2～3mm；花序柄有关节；花被倒卵形，顶部3浅裂，裂片内折；子房卵形，柱头2，钻状，有小突起。胞果卵形，果皮膜质。种子卵形或矩圆状卵形，直径6～7mm，红褐色，近平滑。花果期7～9月。

分布与生境 见于敦煌西湖及三道泉、北湖等盐碱滩、河谷、盐湖边。

藜科 Chenopodiaceae | 梭梭属 *Haloxylon* Bunge

梭梭 *Haloxylon ammodendron* (C. A. Mey.) Bunge

形态特征 小乔木高1～9m。树皮灰白色，木材坚而脆。老枝灰褐色或淡黄褐色，通常具环状裂隙；当年枝细长，斜升或弯垂。叶鳞片状，宽三角形，稍开展，先端钝，腋间具棉毛。花着生于二年生枝条的侧生短枝上；小苞片舟状，宽卵形，与花被近等长，边缘膜质；花被片矩圆形，先端钝，背面先端之下1/3处生翅状附属物，翅状附属物肾形至近圆形，斜伸或平展，边缘波状或啮蚀状，基部心形至楔形；花被片在翅以上部分稍内曲并围抱果实；花盘不明显。胞果黄褐色，果皮不与种子贴生。种子黑色，直径约2.5mm；胚暗绿色。花期5～7月，果期9～10月。

分布与生境 常见于敦煌库姆塔格沙漠冲洪沟中、鸣沙山、崔木土山、大红山、小红山、北山、马鬃山等沙漠、沙地及砂砾质戈壁。

藜科 Chenopodiaceae | 盐爪爪属*Kalidium* Moq.

尖叶盐爪爪*Kalidium cuspidatum* (Ung.-Sternb.) Grub.

形态特征 小灌木，高20～40cm。茎自基部分枝。枝近于直立，灰褐色，小枝黄绿色。叶片卵形，长1.5～3mm，宽1～1.5mm，顶端急尖，稍内弯，基部半抱茎，下延。花序穗状，生于枝条的上部，长5～15mm，直径2～3mm；花排列紧密，每一苞片内有3朵花；花被合生，上部扁平呈盾状，盾片呈长五角形，具狭窄的翅状边缘。胞果近圆形，果皮膜质。种子近圆形，淡红褐色，直径约1mm，有乳头状小突起。花果期7～9月。

分布与生境 常见于敦煌及周边盐碱滩、河谷、盐湖周边。

藜科 Chenopodiaceae　盐爪爪属 *Kalidium* Moq.

盐爪爪 *Kalidium foliatum* (Pall.) Moq.

形态特征 小灌木，高20～50cm。茎直立或平卧，多分枝。枝灰褐色，小枝上部近于草质，黄绿色。叶片圆柱状，伸展或稍弯，灰绿色，长4～10mm，宽2～3mm，顶端钝，基部下延，半抱茎。花序穗状，无柄，长8～15mm，直径3～4mm，每3朵花见于一鳞状苞片内；花被合生，上部扁平成盾状，盾片宽五角形，周围有狭窄的翅状边缘；雄蕊2。种子直立，近圆形，直径约1mm，密生乳头状小突起。花果期7～8月。

分布与生境 常见于敦煌及周边盐碱滩、河谷、盐湖及北山、马鬃山地区。

藜科 Chenopodiaceae | 盐爪爪属 *Kalidium* Moq.

细枝盐爪爪 *Kalidium gracile* Fenzl

形态特征 小灌木，高20～50cm。茎直立，多分枝。老枝灰褐色，小枝纤细，黄褐色，易折断。树皮开裂。叶不发育，瘤状，黄绿色，顶端钝，基部狭窄，下延。花序为长圆柱形的穗状花序，细弱，长1～3cm，直径约1.5mm，每一苞片内生1朵花；花被合生，上部扁平呈盾状，顶端有4个膜质小齿。种子卵圆形，直径0.7～1mm，淡红褐色，密生乳头状小突起。花果期7～9月。

分布与生境 常见于敦煌及周边盐碱滩、河谷、盐湖以及祁连山、阿尔金山、北山与马鬃山等地。

藜科 Chenopodiaceae　地肤属 *Kochia* Roth

黑翅地肤 *Kochia melanoptera* Bunge

形态特征 一年生草本，高15～40cm。茎直立，多分枝，有条棱及不明显的色条。枝斜上，有柔毛。叶圆柱状或近棍棒状，长0.5～2cm，宽0.5～0.8cm，蓝绿色，有短柔毛，先端急尖或钝，基部渐狭，有很短的柄。花两性，通常1～3个团集，遍生叶腋；花被近球形，带绿色，有短柔毛；花被附属物3个较大，翅状，披针形至狭卵形，平展，有粗壮的黑褐色脉，或为紫红色或褐色脉，2个较小的附属物通常呈钻状，向上伸；雄蕊5，花药矩圆形，花丝稍伸出花被外；柱头2，淡黄色，花柱很短。胞果具厚膜质果皮。种子卵形；胚乳粉质，白色。花果期8～9月。

分布与生境 见于敦煌北山与阿尔金山山坡、沟岸、河床、荒地、沙地等处。

藜科 Chenopodiaceae　地肤属 *Kochia* Roth

木地肤 *Kochia prostrata* (L.) Schrad.

形态特征 半灌木，高20～80cm。木质茎通常低矮，有分枝，黄褐色或带黑褐色。当年枝淡黄褐色或淡红色，有微条棱，有密柔毛或近于无毛。叶互生，稍扁平，条形，常数片集聚于腋生短枝而呈簇生状，长8～20mm，宽1～1.5mm，先端钝或急尖，基部稍狭，无柄，两面有稀疏的绢状毛。花两性兼有雌性，通常2～3个团集叶腋，于当年枝的上部或分枝上集成穗状花序；花被球形，有密绢状毛；翅状附属物扇形或倒卵形，膜质，具紫红色或黑褐色脉，边缘有不整齐的圆锯齿或为啮蚀状；花丝丝状；柱头2，丝状，紫褐色。胞果扁球形，果皮厚膜质，灰褐色。种子近圆形，黑褐色。花期7～8月，果期8～9月。

分布与生境 见于敦煌及周边荒地、农田、渠道等处。

藜科 Chenopodiaceae 驼绒藜属*Krascheninnikovia* Gueld.

驼绒藜*Krascheninnikovia ceratoides* (L.) Gueld.

形态特征 灌木，高0.1～1m。分枝多集中于下部，斜展或平展。叶较小，条形、条状披针形、披针形或矩圆形，长1～5cm，宽0.2～1cm，先端急尖或钝，基部渐狭、楔形或圆形，1脉，有时近基处有2条侧脉，极稀为羽状。雄花序较短，长达4cm，紧密。雌花管椭圆形，长3～4mm，宽约2mm；花管裂片角状，较长，其长为管长的1/3至等长。果直立，椭圆形，被毛。花果期6～9月。

分布与生境 常见于马鬃山戈壁、荒漠，祁连山和阿尔金山山前。

藜科 Chenopodiaceae 驼绒藜属*Krascheninnikovia* Gueld.

垫状驼绒藜 *Krascheninnikovia compacta* (Losinsk.) Grubov

形态特征 垫状小灌木，植株矮小，高10～25cm。具密集的分枝；老枝较短，粗壮，密被残存的黑色叶柄，一年生枝长1.5～5cm。叶小，密集，叶片椭圆形或矩圆状倒卵形，长约1cm，宽约3mm，先端圆形，基部渐狭，边缘向背部卷折；叶柄几与叶片等长，基部扩大下陷呈舟状，抱茎；后期叶片从叶柄上端脱落，柄下部宿存。雄花序短而紧密，头状。雌花管矩圆形，长约0.5cm，上端具2个大而宽的兔耳状裂片，其长几与管长相等或较管稍长，先端圆形，向下渐狭，平展，果时管外被短毛。果椭圆形，被毛。花果期6～8月。

分布与生境 见于海拔3000m以上石包城周边山坡或砾石地区。

藜科 Chenopodiaceae 盐角草属 *Salicornia* L.

盐角草 *Salicornia europaea* L.

形态特征 一年生草本，高10～35cm。茎直立，多分枝。枝肉质，苍绿色。叶不发育，鳞片状，长约1.5mm，顶端锐尖，基部连合成鞘状，边缘膜质。花序穗状，长1～5cm，有短柄；花腋生，每一苞片内有3朵花，集成一簇，陷入花序轴内，中间的花较大，位于上部，两侧的花较小，位于下部；花被肉质，倒圆锥状，上部扁平呈菱形；雄蕊伸出花被之外，花药矩圆形；子房卵形，柱头2，钻状，有乳头状小突起。果皮膜质。种子矩圆状卵形，种皮近革质，有钩状刺毛，直径约1.5mm。花果期6～8月。

分布与生境 见于敦煌三道泉与西湖等湿地、盐碱地边缘。

藜科 Chenopodiaceae　猪毛菜属 *Salsola* L.

蒿叶猪毛菜 *Salsola abrotanoides* Bunge.

形态特征 匍匐状半灌木，高15～40cm。老枝灰褐色，有纵裂纹；小枝草质，密集，黄绿色，有细条棱，密生小突起。叶片半圆柱状，互生，老枝上的叶簇生于短枝的顶端，长1～2cm，宽1～2mm，顶端钝或有小尖，基部扩展，在扩展处的上部缢缩成柄状，叶片自缢缩处脱落。花序穗状，细弱，花排列稀疏；小苞片长卵形，比花被短，边缘膜质；花被片卵形，背面肉质，边缘膜质，顶端钝，果时自背面中部生翅；翅3个较大，膜质，半圆形，黄褐色，有多数粗壮的脉，2个稍小，为倒卵形，花被果时（包括翅）直径5～7mm；花被片在翅以上部分，顶端钝，背部肉质，边缘为膜质，紧贴果实；花药附属物极小；柱头钻状，扁平，长为花柱的2倍。种子横生。花期7～8月，果期8～9月。

分布与生境 见于北山、阿尔金山、祁连山与马鬃山山麓砾质荒漠。

藜科 Chenopodiaceae　猪毛菜属 *Salsola* L.

木本猪毛菜 *Salsola arbuscula* Pall.

形态特征 小灌木，高40～100cm。多分枝；枝条开展，老枝淡灰褐色，有纵裂纹；小枝平滑，乳白色。叶互生，老枝上的叶簇见于短枝的顶部，叶片半圆柱形，淡绿色，无毛，顶端钝或尖，乳白色，扩展处的上部缢缩成柄状，叶片自缢缩处脱落。花序穗状；苞片比小苞片长；小苞片卵形，顶端尖，基部的边缘为膜质；花被片矩圆形，顶端有小突尖，背部有1条明显的中脉，果时自背面中下部生翅，翅3个为半圆形，膜质，2个较狭窄，花被片在翅以上部分向中央聚集，包覆果实，上部膜质，稍反折，呈莲座状；花药附属物狭披针形，顶端急尖；柱头钻状。种子横生。花期7～8月，果期9～10月。

分布与生境 见于北山、阿尔金山与马鬃山山麓砾质荒漠。

藜科 Chenopodiaceae　猪毛菜属 *Salsola* L.

猪毛菜 *Salsola collina* Pall.

形态特征 一年生草本，高20～100cm。茎自基部分枝，枝互生，伸展，茎、枝绿色，有白色或紫红色条纹。叶片丝状圆柱形，伸展或微弯曲，长2～5cm，宽0.5～1.5cm，生短硬毛，顶端有刺状尖，基部边缘膜质，稍扩展而下延。花序穗状，生枝条上部；苞片卵形，顶部延伸，有刺状尖，边缘膜质，背部有白色隆脊；小苞片狭披针形，顶端有刺状尖，苞片及小苞片与花序轴紧贴；花被片卵状披针形，膜质，顶端尖，果时变硬，自背面中上部生鸡冠状突起，花被片在突起以上部分近革质，顶端为膜质，向中央折曲成平面，紧贴果实；柱头丝状。种子横生或斜生。花期7～9月，果期9～10月。

分布与生境 见于敦煌及周边村边、路边及荒地。

藜科 Chenopodiaceae　猪毛菜属 *Salsola* L.

松叶猪毛菜 *Salsola laricifolia* Turcz. ex Litv.

形态特征 小灌木，高40～90cm。多分枝；老枝黑褐色或棕褐色，有浅裂纹；小枝乳白色。叶互生，老枝上的叶簇生于短枝的顶端，叶片半圆柱状，肥厚，黄绿色，顶端钝或尖，基部扩展而稍隆起。花序穗状；苞片叶状；小苞片宽卵形，背面肉质，绿色，顶端草质，急尖，两侧边缘为膜质；花被片长卵形，顶端钝，背部稍坚硬，无毛，淡绿色，边缘为膜质；翅3个较大，肾形，膜质，有多数细而密集的紫褐色脉，2个较小，近圆形或倒卵形；花被片在翅以上部分，向中央聚集成圆锥体；花药附属物顶端急尖；柱头扁平，钻状。种子横生。花期6～8月，果期8～9月。

分布与生境 见于阿尔金山、北山与马鬃山山麓砾质荒漠。

藜科 Chenopodiaceae　猪毛菜属 *Salsola* L.

珍珠猪毛菜 *Salsola passerina* Bunge

形态特征 半灌木，高15～30cm，植株密生“丁”字毛。自基部分枝；老枝木质，灰褐色，伸展；小枝草质，黄绿色，短枝缩短成球形。叶片锥形或三角形，顶端急尖，基部扩展，背面隆起。花序穗状，生于枝条上部；苞片卵形；小苞片宽卵形，顶端尖，两侧边缘为膜质；花被片长卵形，背部近肉质，边缘膜质，果时自背面中部生翅；翅3个为肾形，膜质，黄褐色或淡紫红色，密生细脉，2个较小为倒卵形；花被片在翅以上部分，生“丁”字毛，向中央聚集成圆锥体，在翅以下部分无毛；花药矩圆形，花药附属物披针形，顶端急尖；柱头丝状。种子横生或直立。花期7～9月，果期8～9月。

分布与生境 见于阿尔金山、北山与马鬃山山麓砾质荒漠。

藜科 Chenopodiaceae　猪毛菜属 *Salsola* L.

刺沙蓬 *Salsola tragus* L.

形态特征 又名刺蓬、细叶猪毛菜。一年生草本，高30～100cm。茎直立，自基部分枝，茎、枝生短硬毛或近于无毛，有白色或紫红色条纹。叶片半圆柱形或圆柱形，无毛或具短硬毛，顶端有刺状尖，基部扩展，扩展处的边缘为膜质。花序穗状，生于枝条的上部；苞片长卵形，顶端有刺状尖，基部边缘膜质；小苞片卵形，顶端有刺状尖；花被片长卵形，膜质，无毛，背面有1条脉；花被片果时变硬，自背面中部生翅；3个翅较大，肾形或倒卵形，膜质，无色或淡紫红色，有数条粗壮而稀疏的脉，2个翅较狭窄；花被片在翅以上部分近革质，顶端为薄膜质，包覆果实；柱头丝状。种子横生，直径约2mm。花期8～9月，果期9～10月。

分布与生境 见于敦煌周边覆沙地及阿尔金山、北山与马鬃山山麓砾质荒漠。

藜科 Chenopodiaceae 碱蓬属 *Suaeda* Forsk. ex Scop.

角果碱蓬 *Suaeda corniculata* (C. A. Meg) Bunge

形态特征 一年生草本，高15～60cm，无毛。茎平卧、外倾或直立，圆柱形，微弯曲，淡绿色，具微条棱。分枝细瘦，斜升并稍弯曲。叶条形，半圆柱状，劲直或茎下部的稍弯曲，先端微钝或急尖，基部稍缢缩，无柄。团伞花序通常含3～6花，于分枝上排列成穗状花序；花两性兼有雌性；花被顶基略扁，5深裂，裂片大小不等，先端钝，果时背面向外延伸增厚呈不等大的角状突出；花药细小，近圆形，黄白色，花丝短，稍外伸；柱头2，花柱不明显。胞果扁，圆形，果皮与种子易脱离。种子横生或斜生，双凸镜形，种皮壳质，黑色，有光泽，表面具清晰的蜂窝状点纹。花果期8～9月。

分布与生境 见于敦煌三道泉湿地、盐碱地、盐湖旁。

藜科 Chenopodiaceae 碱蓬属 *Suaeda* Forssk. Ex J. F. Gmel.

碱蓬 *Suaeda glauca* (Bunge) Bunge

形态特征 一年生草本，高可达1m。茎直立，粗壮，圆柱状，浅绿色，有条棱。枝细长，上升或斜伸。叶丝状条形，半圆柱状，通常长1.5～5cm，宽约1.5mm，灰绿色，光滑无毛，先端微尖，基部收缩。花两性兼有雌性，单生或2～5朵团集于叶的近基部处；两性花花被杯状，黄绿色；雌花花被近球形，较肥厚，灰绿色；花被裂片卵状三角形，先端钝，果时增厚，使花被略呈五角星状；雄蕊5，花药宽卵形至矩圆形；柱头2，黑褐色，稍外弯。胞果包在花被内，果皮膜质。种子横生或斜生，双凸镜形，黑色，表面具清晰的颗粒状点纹。花果期7～9月。

分布与生境 见于敦煌及周边地区湿地、盐碱地、盐湖旁。

藜科 Chenopodiaceae 合头草属 *Sympegma* Bunge

合头草 *Sympegma regelii* Bunge

形态特征 又名黑柴。小半灌木，直立，高可达1.5m。根粗壮，黑褐色。老枝多分枝，黄白色至灰褐色，通常具条状裂隙；当年生枝灰绿色，稍有乳头状突起，具多数单节间的腋生小枝；小枝长3～8mm，基部具关节，易断落。叶长4～10mm，宽约1mm，直或稍弧曲，向上斜伸，先端急尖，基部收缩。花两性，通常1～3个簇生于具单节间小枝的顶端，花簇下具1对基部合生的苞状叶，状如头状花序；花被片直立，草质，具膜质狭边，先端稍钝，脉显著浮凸；翅宽卵形至近圆形，淡黄色，具纵脉纹；雄蕊5；柱头有颗粒状突起。胞果两侧稍扁，圆形，果皮淡黄色。种子直立；胚平面螺旋状，黄绿色。花果期7～10月。

分布与生境 常见于阿尔金山、祁连山、北山、马鬃山轻盐碱化的荒漠、干山坡、冲积扇、沟沿等处，以及西湖、三道泉等湿地。

石竹科 Caryophyllaceae　裸果木属 *Gymnocarpos* Forssk.

裸果木 *Gymnocarpos przewalskii* Bunge ex Maxim.

形态特征 又名瘦果石竹。亚灌木，高50～100cm。茎曲折，多分枝。树皮灰褐色，剥裂。嫩枝赭红色，节膨大。叶片稍肉质，线形，略成圆柱状，长5～10mm，宽1～1.5mm，顶端急尖，具短尖头，基部稍收缩；托叶膜质，透明，鳞片状。聚伞花序腋生；苞片白色，膜质，透明，宽椭圆形；花小，不显著；花萼下部连合，萼片倒披针形，顶端具芒尖，外面被短柔毛；花瓣无；外轮雄蕊无花药，内轮雄蕊花丝细，花药椭圆形，纵裂；子房近球形。瘦果包于宿存萼内。种子长圆形，直径约0.5mm，褐色。花期5～7月，果期8月。

分布与生境 常见于阿尔金山、祁连山、北山、马鬃山轻盐碱化的荒漠、干山坡、冲积扇、沟沿等处。

毛茛科Ranunculaceae　铁线莲属*Clematis* L.

灌木铁线莲*Clematis fruticosa* Turcz.

形态特征 小灌木，直立，高达1m多。枝有棱，紫褐色，有短柔毛，后变无毛。单叶对生或数叶簇生，叶片绿色，薄革质，狭三角形或狭披针形、披针形，顶端锐尖，边缘疏生锯齿状牙齿，有时1～2个，下半部常成羽状深裂以至全裂，裂片有小牙齿或小裂片，或为全缘，两面近无毛或疏生短柔毛。花单生，或聚伞花序有3花，腋生或顶生；萼片4，斜上展呈钟状，黄色，长椭圆状卵形至椭圆形，顶端尖，外面边缘密生绒毛，中间近无毛或稍有短柔毛；雄蕊无毛，花丝披针形。瘦果扁，卵形至卵圆形，密生长柔毛，宿存花柱长达3cm，有黄色长柔毛。花期7～8月，果期10月。

分布与生境 见于阿尔金山、祁连山、北山、马鬃山轻盐碱化的荒漠、干山坡、冲积扇、沟沿等处。

毛茛科 Ranunculaceae　铁线莲属 *Clematis* L.

黄花铁线莲 *Clematis intricata* Bunge

形态特征 又名透骨草、蓼吊秧。草质藤本。茎纤细，多分枝，有细棱，近无毛或有疏短毛。一至二回羽状复叶；小叶有柄，2～3全裂或深裂，浅裂，顶端渐尖，基部楔形，全缘或有少数牙齿。聚伞花序腋生，通常为3花，有时单花；花序梗较粗，有时极短，疏被柔毛；中间花梗无小苞片，侧生花梗下部有2片对生的小苞片，苞片叶状，较大，全缘或2～3浅裂至全裂；萼片4，黄色，狭卵形或长圆形，顶端尖，两面无毛，偶尔内面有极稀柔毛，外面边缘有短绒毛；花丝线形，有短柔毛，花药无毛。瘦果卵形至椭圆状卵形，扁，边缘增厚，被柔毛，宿存花柱长3.5～5cm，被长柔毛。花期6～7月，果期8～9月。

分布与生境 见于敦煌周边田间林带、路旁或灌丛中。

毛茛科Ranunculaceae 铁线莲属*Clematis* L.

甘青铁线莲*Clematis tangutica* (Maxim.) Korsh.

形态特征 落叶藤本，长1～4m（生于干旱沙地的植株高仅30cm左右）。主根粗壮，木质。茎有明显的棱，幼时被长柔毛。一回羽状复叶，有5～7小叶；小叶片基部常浅裂、深裂或全裂，卵状长圆形、狭长圆形或披针形，顶端钝，有短尖头，基部楔形，边缘有不整齐缺刻状的锯齿，上面有毛或无毛，下面有疏长毛。花单生，有时为单聚伞花序，有3花，腋生；花序梗粗壮，有柔毛；萼片4，黄色外面带紫色，斜上展，狭卵形、椭圆状长圆形，顶端渐尖或急尖，外面边缘有短绒毛，中间被柔毛，内面无毛；花丝下面稍扁平，被开展的柔毛，花药无毛；子房密生柔毛。瘦果倒卵形，有长柔毛。花期6～9月，果期9～10月。

分布与生境 见于阿尔金山海波2500m以上的冲洪沟。

毛茛科Ranunculaceae　铁线莲属*Clematis* L.

灰叶铁线莲*Clematis tomentella* (Maxim.) W. T. Wang et L. Q. Li

形态特征 小灌木，直立，高达1m。枝有棱，带红褐色，有较密细柔毛；老枝灰色。单叶对生或数叶簇生；叶片灰绿色，革质，狭披针形或长椭圆状披针形，顶端锐尖或突尖，基部楔形，全缘，基部偶有1～2牙齿或小裂片，两面有细柔毛；叶柄长2～5mm，或近无柄。花单生或聚伞花序有3花，腋生或顶生；萼片4，斜上展呈钟状，黄色，长椭圆状卵形，顶端尾尖，除外面边缘密生绒毛外，其余为细柔毛（内蒙古标本萼片内面近无毛）；雄蕊无毛，花丝狭披针形。瘦果密生白色长柔毛。花期7～8月，果期9月。

分布与生境 见于北山、马鬃山、阿尔金山低洼戈壁的水蚀沟道。

毛茛科 Ranunculaceae 碱毛茛属 *Halerpestes* E. L. Greene.

长叶碱毛茛 *Halerpestes ruthenica* (Jacq.) Ovcz.

形态特征 多年生草本，匍匐茎长达30cm以上。叶簇生；叶片卵状或椭圆状梯形，长1.5～5cm，宽0.8～2cm，基部宽楔形、截形至圆形，顶端有3～5个圆齿，常有3条基出脉；叶柄长2～14cm，基部有鞘。花葶高10～20cm，单一或上部分枝，有1～3花，生疏短柔毛；苞片线形；花直径约1.5cm；萼片绿色，5，卵形，多无毛；花瓣黄色，6～12枚，倒卵形，基部渐狭成爪少蜜槽点状；花药长约0.5mm，花丝长约3mm；花托圆柱形，有柔毛。聚合果卵球形，长8～12mm，宽约8mm；瘦果极多，紧密排列，斜倒卵形，长2～3mm，边缘有狭棱；两面有3～5条分歧的纵肋。花果期5～8月。

分布与生境 见于敦煌周边盐碱沼泽地或湿草地。

山柑科 Capparaceae　山柑属*Capparis* Tourn. ex L.

爪瓣山柑 *Capparis himalayensis* Jafri

形态特征 平卧灌木，茎长50～80cm。新生枝密被白色柔毛，易变无毛；刺尖利，常平展而尖端外弯，苍黄色。叶椭圆形或近圆形，鲜时肉质，干后革质。花大，单出腋生；花梗长3.5～4.5cm；花萼两侧对称，外轮近轴萼片浅囊状，远轴萼片舟状披针形，内轮萼片长圆形；花瓣异形，上面2个异色，内侧中部以下黄绿色至绿色，质地增厚，边缘紧接，由基部至近中部向内折叠，折叠部分绿色，密被绒毛，外侧膜质，白色，下面2个花瓣白色，分离，有爪，瓣片长圆状倒卵形；雌蕊约80；子房椭圆形，无毛，表面有纵行的细沟和棱，花柱与柱头不分明，呈小丘状；胎座6～8，胚珠多数。果椭圆形，表面有6～8条纵行暗红色细棱；果皮薄，成熟后开裂。种子肾形，种皮平滑，近赤褐色。花期6～7月，果期8～9月。

分布与生境 偶见于敦煌东湖及榆林窟附近。

十字花科 Brassicaceae 糖芥属 *Erysimum* L.

小花糖芥 *Erysimum cheiranthoides* L.

形态特征 一年生草本，高15～50cm。茎直立，分枝或不分枝，有棱角，具2叉毛。基生叶莲座状，无柄，平铺地面，有2～3叉毛；茎生叶披针形或线形，顶端急尖，基部楔形，边缘具深波状疏齿或近全缘，两面具3叉毛。总状花序顶生，果期长达17cm；萼片长圆形或线形，外面有3叉毛；花瓣浅黄色，长圆形，顶端圆形或截形，下部具爪；花柱长约1mm，柱头头状。长角果圆柱形，侧扁，稍有棱，具3叉毛；果瓣有1条不明显中脉；果梗粗。种子每室1行，种子卵形，淡褐色。花期5月，果期6月。

分布与生境 见于敦煌周边路旁及村旁荒地。

十字花科 Brassicaceae　花旗杆属 *Dontostemon* Andrz. ex. C. A. Mey.

扭果花旗杆 *Dontostemon elegans* Maxim.

形态特征 多年生草本，簇生，高15～40cm。根粗壮，木质化。茎基部多分枝，茎下部黄白色，有光泽，少叶，上部叶互生，常密集，肉质，宽披针形至宽线形，全缘，顶端渐尖，基部下延，近无柄；叶幼时具白色长柔毛或密生白色棉毛，尤以叶背为多，老时近无毛。总状花序顶生，具多花；萼片长椭圆形至宽披针形，背面具白色柔毛及长毛，尤以顶端为多，边缘膜质；花瓣蓝紫色至玫瑰红色，倒卵形至宽楔形，具紫色脉纹，顶端钝圆，基部下延成宽爪。长角果光滑，带状，压扁，扭曲或卷曲，中脉显著。种子宽椭圆形而扁，具膜质边缘；子叶缘倚胚根。花期5～7月，果期6～9月。

分布与生境 见于北山、马鬃山砂砾质戈壁滩、荒漠、洪积平原、山间盆地及干河床沙地。

十字花科Brassicaceae 独行菜属*Lepidium* L.

独行菜*Lepidium apetalum* Willd.

形态特征 又名腺独行菜、腺茎独行菜、辣辣菜。一或二年生草本，高5～30cm。茎直立，有分枝，无毛或具微小头状毛。基生叶窄匙形，一回羽状浅裂或深裂，长3～5cm，宽1～1.5cm；茎上部叶线形，有疏齿或全缘。总状花序在果期可延长至5cm；萼片早落，卵形，外面有柔毛；花瓣不存或退化成丝状，比萼片短；雄蕊2或4。短角果近圆形或宽椭圆形，扁平，顶端微缺，上部有短翅；果梗弧形。种子椭圆形，平滑，棕红色。花果期5～7月。

分布与生境 见于敦煌及周边山坡、山沟、路旁及村庄附近，为常见的田间杂草。

十字花科 Brassicaceae　独行菜属 *Lepidium* L.

宽叶独行菜 *Lepidium latifolium* L.

形态特征 又名光果宽叶独行菜。多年生草本，高30～150cm。茎直立，上部多分枝，基部稍木质化，无毛或疏生单毛。基生叶及茎下部叶革质，长圆披针形或卵形，长3～6cm，宽3～5cm，顶端急尖或圆钝，基部楔形，全缘或有牙齿，两面有柔毛；茎上部叶披针形或长圆状椭圆形，长2～5cm，宽5～15mm。总状花序圆锥状；萼片脱落，卵状长圆形或近圆形，顶端圆形；花瓣白色，倒卵形，顶端圆形，爪明显或不明显；雄蕊6；花柱极短。短角果宽卵形或近圆形，长1.5～3mm，顶端全缘，基部圆钝，无翅，有柔毛。种子宽椭圆形，压扁，浅棕色，无翅。花期5～7月，果期7～9月。

分布与生境 见于敦煌周边村旁、田边、渠道堤坝及盐化湿地。

十字花科Brassicaceae 睹南芥属*Stevenia* Adams ex Fisch.

燥原荠*Stevenia canescens* (DC.) D. A. German

形态特征 半灌木，高5～40cm。基部木质化，密被小星状毛，分枝毛或分叉毛，灰绿色。茎直立，或基部稍为铺散而上部直立，近地面处分枝。叶密生，条形或条状披针形，顶端急尖，全缘。花序伞房状，果期极伸长，花梗长约3.5mm；外轮萼片宽于内轮萼片，灰绿色或淡紫色，有白色边缘并有星状缘毛；花瓣白色，宽倒卵形，顶端钝圆，基部渐窄成爪；子房密被小星状毛，花柱长，柱头头状。短角果卵形；花柱宿存；果梗长2～5mm。种子每室1粒，悬垂于室顶，长圆卵形，长约2mm，深棕色。花期6～9月，果期7～10月。

分布与生境 见于北山和马鬃山干燥石质山坡，海拔1000～5000m。

景天科 Crassulaceae 瓦松属 *Orostachys* Fisch.

小苞瓦松 *Orostachys thyrsifloras* Fisch.

形态特征 二年生草本。第一年有莲座丛，有短叶；莲座叶淡绿，线状长圆形，先端渐变为软骨质的附属物，急尖，中央有短尖头，边缘有细齿或全缘，覆瓦状内弯；第二年自莲座中央伸出花茎，高5～20cm；茎生叶多少分开，线状长圆形，长4～7mm，宽1～1.5mm，先端急尖，有软骨质的突尖头。花序总状，长4～14cm；苞片卵状长圆形，渐尖，较花短；花梗长2mm；萼片5，三角状卵形，急尖；花瓣5，白色或带浅红色，长圆形，基部稍合生；雄蕊10，与花瓣同长或稍短，花药紫色；鳞片5，近正方形至近长方形，先端有微缺；心皮5，狭披针状长圆形，花柱长1.5～2mm。蓇葖果直立。种子卵形，细小。花期7～8月。

分布与生境 常见于阿尔金山、北山和马鬃山阴坡上，海拔1000～2100m。

蔷薇科 Rosaceae 沼委陵菜属 *Comarum* L.

沼委陵菜 *Comarum palustre* L.

形态特征 多年生草本，高20～30cm。根茎长，匍匐，木质，暗褐色；茎中空，下部弯曲，上部上升，在地面稍上处分枝，淡红褐色，下部无毛，上部密生柔毛及腺毛。奇数羽状复叶，小叶片5～7片，彼此接近生长。聚伞花序顶生或腋生，有1至数花；总梗及花梗具柔毛和腺毛，花梗长1～1.5cm；苞片锥形，长3～5mm；花直径1～1.5cm；萼筒盘形，外面有柔毛，萼片深紫色，三角状卵形，长7～18mm，开展，先端渐尖，外面及内面皆有柔毛；副萼片披针形至线形，长4～9mm，先端渐尖或急尖，外面有柔毛；花瓣卵状披针形，长3～8mm，深紫色，先端渐尖；雄蕊15～25，花丝及花药均深紫色，比花瓣短；子房卵形，深紫色，无毛，花柱线形。瘦果多数，卵形，长1mm，黄褐色，扁平，无毛，着生在膨大半球形的花托上。花期5～8月，果期7～10月。

分布与生境 见于祁连山、阿尔金山2500m以上的冲洪沟内。

蔷薇科 Rosaceae 委陵菜属 *Potentilla* L.

鹅绒委陵菜 *Potentilla anserine* L.

形态特征 多年生草本。根向下延长，有时在根的下部长成纺锤形或椭圆形块根。茎匍匐，在节处生根，常着地长出新植株。基生叶为间断羽状复叶，小叶6～11对；小叶对生或互生，无柄或顶生小叶有短柄；小叶片通常椭圆形、倒卵椭圆形或长椭圆形，顶端圆钝，基部楔形或阔楔形，边缘有多数尖锐锯齿或呈裂片状，上面绿色，被疏柔毛或脱落几无毛，下面密被紧贴银白色绢毛；基生叶和下部茎生叶托叶膜质，褐色，上部茎生叶托叶草质，多分裂。单花腋生；花梗被疏柔毛；萼片三角卵形，顶端急尖或渐尖，副萼片椭圆形或椭圆披针形，常2～3裂稀不裂；花瓣黄色，倒卵形、顶端圆形；花柱侧生，小枝状。花果期4～9月。

分布与生境 见于祁连山、阿尔金山海波3000m以上的阴坡。

蔷薇科 Rosaceae 委陵菜属 *Potentilla* L.

二裂委陵菜 *Potentilla bifurca* L. var. *bifurca*

形态特征 多年生草本或亚灌木，高5～20cm。根圆柱形，纤细，木质。花茎直立或上升，密被疏柔毛或微硬毛，小叶片无柄，对生稀互生，椭圆形或倒卵状椭圆形，长0.5～1.5cm，宽0.4～0.8cm，顶端常2裂，稀3裂，基部楔形或宽楔形，两面绿色，伏生疏柔毛；下部叶托叶膜质，褐色，外面被微硬毛，稀脱落几无毛，上部茎生叶托叶草质，绿色，卵状椭圆形，常全缘稀有齿。近伞房状聚伞花序，顶生，疏散；花直径0.7～1cm；萼片卵圆形，顶端急尖，副萼片椭圆形，顶端急尖或钝，比萼片短或近等长，外面被疏柔毛；花瓣黄色，倒卵形，顶端圆钝；比萼片稍长；心皮沿腹部有稀疏柔毛；花柱侧生，棒形，基部较细，顶端缢缩，柱头扩大。瘦果表面光滑。花果期5～9月。

分布与生境 见于祁连山、阿尔金山海拔2500m以上的阴坡及北山附近河滩沙地。

蔷薇科 Rosaceae 委陵菜属 *Potentilla* L.

小叶金露梅 *Potentilla parvifolia* (Fisch. ex Lehm.) Sojuk.

形态特征 灌木，高达1.5m。小枝灰色或灰褐色，幼时被灰白色柔毛或绢毛。羽状复叶，有3～7小叶，基部2对常较靠拢，近掌状或轮状排列；小叶小，披针形、带状披针形或倒卵状披针形，长0.7～1cm，先端常渐尖，稀圆钝，基部楔形，边缘全缘，反卷，两面绿色，被绢毛，或叶背粉白色，有时被疏柔毛；托叶全缘，外面被疏柔毛。单花或数朵，顶生；花梗被灰白色柔毛或绢状柔毛；花径1～2.2cm；萼片卵形，先端急尖，副萼片披针形、卵状披针形或倒卵状披针形，短于萼片或近等长，外面被绢状柔毛或疏柔毛；花瓣黄色，宽倒卵形；花柱近基生，棒状，基部稍细，在柱头下缢缩，柱头扩大。瘦果被毛。花果期6～8月。

分布与生境 见于阿尔金山、祁连山海拔2500m以上的山坡、岩石缝中。

蔷薇科 Rosaceae 金露梅属 *Pentaphylloides* Ducham.

金露梅 *Potentilla fruticosa* L.

形态特征 又名金老梅、金蜡梅、格桑花。灌木，高0.5～2m。多分枝。树皮纵向剥落。小枝红褐色，幼时被长柔毛。羽状复叶，有小叶2对，稀3小叶；叶柄被绢毛或疏柔毛；小叶片长圆形、倒卵长圆形或卵状披针形，全缘，顶端急尖或圆钝，两面绿色，疏被绢毛或柔毛或脱落近于几毛；托叶薄膜质，外面被长柔毛或脱落。单花或数朵生于枝顶，花梗密被长柔毛或绢毛；花直径2.2～3cm；萼片卵圆形，顶端急尖至短渐尖，副萼片披针形至倒卵状披针形，顶端渐尖至急尖，外面疏被绢毛；花瓣黄色，宽倒卵形，顶端圆钝；花柱近基生，棒形，基部稍细，顶部缢缩，柱头扩大。瘦果近卵形，褐棕色，外被长柔毛。花果期6～9月。

分布与生境 偶见于阿尔金山、祁连山海拔2500m以上的山坡。

豆科Fabaceae 骆驼刺属*Alhagi* Gagneb.

骆驼刺*Alhagi sparsifolia* Shap.

形态特征 半灌木，高25～40cm。茎直立，具细条纹，无毛或幼茎具短柔毛。枝条平行上升。叶互生，卵形、倒卵形或倒圆卵形，先端圆形，基部楔形，全缘，无毛，短柄。总状花序，腋生，花序轴变成坚硬的锐刺，无毛；当年生枝条的刺上具花3～8朵，老茎的刺上无花；苞片钻状；花萼钟状，长4～5mm，被短柔毛，萼齿三角状或钻状三角形；花冠深紫红色，旗瓣倒长卵形，先端钝圆或截平，基部楔形，具短瓣柄，冀瓣长圆形，龙骨瓣与旗瓣约等长；子房线形，无毛。荚果线形，常弯曲，几无毛。花期6～7月，果期8～10月。

分布与生境 常见于敦煌及周边地区的湿地、沙地、河岸、农田边。

豆科Fabaceae 黄芪属*Astragalus* L.

斜茎黄芪*Astragalus laxmannii* Jacq.

形态特征 又名直立黄芪、沙打旺。多年生草本，高20～100cm。根较粗壮，暗褐色。茎直立或斜上，有毛或近无毛。羽状复叶有9～25片小叶；托叶三角形，渐尖，基部稍合生或有时分离；小叶长圆形、近椭圆形或狭长圆形，上面疏被伏贴毛，下面较密。总状花序长圆柱状、穗状，稀近头状，生多数花，密集；总花梗见于茎上部；苞片狭披针形至三角形，先端尖；花萼管状钟形，被黑褐色或白色毛，萼齿狭披针形；花冠近蓝色或红紫色，旗瓣倒卵圆形，先端微凹，基部渐狭，翼瓣较旗瓣短，瓣片长圆形，龙骨瓣较翼瓣短，瓣片半圆形，较瓣柄稍短。子房被密毛。荚果长圆形，两侧稍扁，顶端具下弯的短喙，被黑色、褐色或和白色混生毛。花期6～8月，果期8～10月。

分布与生境 见于敦煌周边河岸、农田边及荒地中，海拔2000～2500m。

豆科 Fabaceae　黄芪属 *Astragalus* L.

长毛荚黄芪 *Astragalus monophyllus* Maxim.

形态特征 多年生草本，高3～6cm，被白色伏贴长粗毛。茎极短缩，不明显。小叶3枚，密集覆盖地表；托叶膜质，离生或下部与叶柄贴生，卵圆形，渐尖；小叶近无柄，宽卵形或近圆形，先端具短尖头，基部具短尖或近圆形，两面被白色伏贴粗毛。总状花序生1～2花；总花梗长约1cm，生于基部叶腋；苞片膜质，卵状披针形，渐尖，被白色粗毛；花萼钟状管形，被白色开展的毛，萼齿狭披针形；花冠淡黄色，旗瓣倒披针形，下部渐狭，翼瓣较旗瓣稍短，瓣片狭长圆形，较瓣柄稍短，龙骨瓣瓣片中部微内弯，与瓣柄等长或稍短。子房长圆柱状，密被白色长毛。荚果长圆形，膨胀，两端尖，密被白色长柔毛，假2室。种子小，深绿色。花期4～5月，果期5～6月。

分布与生境 见于北山和马鬃山洪积扇及敦煌周边戈壁滩上。

豆科Fabaceae　黄芪属*Astragalus* L.

了墩黄芪*Astragalus pavlovii* B. Fedtsch. et Basil.

形态特征 多年生草本，高15～20cm。被灰色伏贴短毛。主根明显，细长。茎直立，有分枝。羽状复叶，小叶5～7片；叶柄较叶轴短；小叶倒卵形或倒卵圆状椭圆形，先端微凹、圆钝或截平，基部楔形，上面疏生短毛或近无毛，下面毛较密，小叶柄长约1mm。总状花序生15～25花，排列较密；总花梗腋生，与叶等长或稍长；苞片卵形；花梗较花萼短；花萼钟状，被灰白色短毛，萼齿狭三角形；花冠淡紫色，旗瓣倒卵状长圆形，先端微凹，基部狭成瓣柄，翼瓣较旗瓣稍短，瓣片先端微凹，长为瓣柄的1/2，龙骨瓣长约5mm，瓣片半圆形，先端微尖，瓣柄较瓣片短；子房无毛，无柄。荚果线状长圆形，成熟时淡栗褐色，光亮，具网纹，假2室。种子肾形，黑褐色。花果期5～6月。

分布与生境 偶见于党城湾戈壁滩，海拔1500～1800m。

豆科 Fabaceae 黄芪属 *Astragalus* L.

变异黄芪 *Astragalus variabilis* Bunge

形态特征 多年生草本，高10～20cm，全体被灰白色伏贴毛。根粗壮直伸，黄褐色，木质化。茎丛生，直立或稍斜升，有分枝。羽状复叶，小叶11～19；叶柄短；托叶小，离生，三角形或卵状三角形；小叶狭长圆形、倒卵状长圆形或线状长圆形，先端钝圆或微凹，基部宽楔形或近圆形，上面绿色，疏被白色伏贴毛，下面灰绿色，毛较密。总状花序生7～9花；总花梗较叶柄稍粗；苞片披针形，较花梗短或等长，疏被黑色毛；花萼管状钟形，被黑白色混生的伏贴毛；花冠淡紫红色或淡蓝紫色，旗瓣倒卵状椭圆形，先端微缺，基部渐狭成不明显的瓣柄，翼瓣与旗瓣等长，瓣片先端微缺，瓣柄较瓣片短，龙骨瓣较翼瓣短，瓣片与瓣柄等长；子房有毛。荚果线状长圆形，稍弯，两侧扁平，被白色伏贴毛，假2室。花期5～6月，果期6～8月。

分布与生境 见于阿尔金山、北山和马鬃山洪积扇及敦煌周边戈壁滩上，海拔900～3100m。

豆科Fabaceae 山竹子属*Corethrodendron* Fisch. et Basin.

红花山竹子*Corethrodendron multijugum* (Maxim.) B. H. Choi et H. Ohashi

形态特征 又名红花岩黄芪。半灌木，高可达1m。幼枝密被短柔毛。叶柄甚短，密被短柔毛；托叶卵状披针形，长2～4mm，下部连合，外面有毛；奇数羽状复叶，小叶21～41；叶片卵形、椭圆形或倒卵形，长5～12mm，宽3～6mm，先端钝或微凹，基部近圆形，上面无毛，密布小斑点，下面密被平伏短柔毛。总状花序腋生，连花梗长10～35cm；花9～25朵，疏生；苞片早落；花梗长2～3mm，有毛；花萼钟状，长5～6mm，外面被短柔毛，萼齿5，三角状，短于萼筒；蝶形花冠紫红色，旗瓣和龙骨瓣近等长，翼瓣短；雄蕊10，二体，花柱丝状，弯曲。荚果扁平，2～3节，节荚斜圆形，表面有横肋纹和柔毛，中部常有1～3个极小针刺或边缘有刺毛。花期6～7月，果期8～9月。

分布与生境 见于阿尔金山、北山和马鬃山沟谷附近。

豆科Fabaceae　山竹子属*Corethrodendron* Fisch. et Basin.

细枝山竹子*Corethrodendron scoparium* (Fisch.et C.A.Mey.) Fisch. et Basiner

形态特征 又名细枝岩黄芪、花棒。半灌木，高80～300cm。茎直立，多分枝，茎皮亮黄色，呈纤维状剥落。幼枝绿色或淡黄绿色，被疏长柔毛。托叶卵状披针形，褐色，干膜质，下部合生，易脱落；茎下部叶具小叶7～11；小叶片灰绿色，线状长圆形或狭披针形，无柄或近无柄，先端锐尖，具短尖头，基部楔形，表面被短柔毛或无毛，背面被较密的长柔毛。总状花序腋生，上部明显超出叶，总花梗被短柔毛；花少数，外展或平展，疏散排列；苞片卵形；花萼钟状，被短柔毛；花冠紫红色，旗瓣倒卵形或倒卵圆形，顶端钝圆，微凹；子房线形，被短柔毛。荚果2～4节，节荚宽卵形，两侧膨大，具明显细网纹和白色密毡毛。种子圆肾形，淡棕黄色，光滑。花期6～9月，果期8～10月。

分布与生境 偶见于北山洪积扇上，海拔6～1100m。

豆科 Fabaceae 甘草属 *Glycyrrhiza* L.

胀果甘草 *Glycyrrhiza inflata* Batalin.

形态特征 多年生草本，高50～150cm。根与根状茎粗壮，外皮褐色，被黄色鳞片状腺体，里面淡黄色，有甜味。茎直立，基部带木质。叶长4～20cm，托叶小三角状披针形，褐色，早落；叶柄、叶轴密被褐色鳞片状腺点，幼时密被短柔毛；小叶3～9枚，卵形、椭圆形或长圆形，两面被黄褐色腺点。总状花序腋生，具多数疏生花；花梗密被鳞片状腺点，幼时密被柔毛；苞片长圆状披针形，密被腺点及短柔毛；花萼钟状，密被橙黄色腺点及柔毛，萼齿5，披针形；花冠紫色或淡紫色，旗瓣长椭圆形，明显具耳及瓣柄。荚果椭圆形或长圆形，直或微弯，被褐色的腺点和刺毛状腺体，疏被长柔毛。种子圆形，绿色。花期5～7月，果期6～10月。

分布与生境 常见于敦煌周边湿地、河岸、农田边或荒地中。

豆科Fabaceae　甘草属*Glycyrrhiza* L.

甘草 *Glycyrrhiza uralensis* Fisch.

形态特征 又名国老、甜草、甜根子。多年生草本，高30～120cm。根与根状茎粗状，外皮褐色，里面淡黄色，具甜味。茎直立，密被刺毛和腺毛。叶长5～20cm，托叶三角状披针形，密被白色短柔毛；叶柄密被褐色腺点和短柔毛；小叶5～17枚，卵形、长卵形或近圆形，密被黄褐色腺点及短柔毛。总状花序腋生；花梗密生褐色的鳞片状腺点和短柔毛；苞片长圆状披针形，褐色，膜质，被黄色腺点和短柔毛；花萼钟状，密被黄色腺点及短柔毛，齿5；花冠紫色、白色或黄色，旗瓣长圆形，顶端微凹，基部具短瓣柄，翼瓣短于旗瓣，龙骨瓣短于翼瓣；子房密被腺毛。荚果弯曲呈镰刀状或呈环状，密集成球，表面密被刺毛和腺毛。种子圆形或肾形，暗绿色。花期6～8月，果期7～10月。

分布与生境 见于敦煌周边盐渍化湿地。

豆科Fabaceae　棘豆属*Oxytropis* DC.

刺叶柄棘豆 *Oxytropis aciphylla* Ledeb.

形态特征 垫状矮小半灌木，高8～20cm。根粗壮，根系发达。枝多数，开展，积沙成垫状沙包。偶数羽状复叶；托叶膜质，彼此合生，下部与叶柄贴生，先端平截或呈二尖，被贴伏白色柔毛或无毛；叶轴宿存，木质化，下部粗壮，先端锐尖，呈硬刺状；小叶4～6对，线形或长圆状线形，先端渐尖，边缘内卷。总状花序具1～2花；苞片膜质，披针状钻形；花萼筒状，花后稍膨胀，萼齿锥状；花冠红紫色、蓝紫色至白色，旗瓣倒卵形，先端钝，基部渐狭成瓣柄，翼瓣长12～20mm，宽3～4mm，龙骨瓣长11～13mm，喙长1～1.5mm。子房圆柱形，花柱先端弯曲，无毛。荚果硬革质，长圆形，腹缝线深陷，密被白色贴伏柔毛，隔膜发达，不完全2室。种子圆肾形，深棕色。花期5～6月，果期6～7月。

分布与生境 见于阿尔金山、北山和马鬃山洪积扇及敦煌周边戈壁滩上，海拔1000～3250m。

豆科Fabaceae　棘豆属*Oxytropis* DC.

小花棘豆 *Oxytropis glabra* (Lam.) DC.

形态特征 多年生草本，高20～80cm。根细而直伸。茎分枝多，直立或铺散，无毛或疏被短柔毛。羽状复叶，托叶草质，卵形或披针状卵形，分离或于基部合生，长5～10cm，无毛或微被柔毛；叶轴被柔毛；小叶5～9对，披针形或卵状披针形，先端尖或钝，上面无毛，下面微被贴伏柔毛。总状花序；总花梗长5～12cm；苞片膜质，狭披针形，先端尖，被柔毛；花萼钟形，被伏生柔毛，萼齿披针状锥形；花冠淡紫色或蓝紫色，旗瓣长6～8mm，瓣片圆形，先端微缺，翼瓣略短于旗瓣，瓣片向上扩展，先端微凹，龙骨瓣长约6mm，喙长约1mm。荚果膜质，长圆形，膨胀，下垂，腹缝具深沟，背部圆形，疏被贴伏白色或混生黑色短柔毛。花期6～9月，果期7～9月。

分布与生境 见于敦煌周边荒地、田边、渠旁、盐土草滩上。

豆科Fabaceae　槐属*Sophora* L.

苦豆子*Sophora alopecuroides* L.

形态特征 多年生草本，高约1m。根粗壮。枝被白色或淡灰白色长柔毛或贴伏柔毛。奇数羽状复叶；托叶着生于小叶柄的侧面，钻状，常早落；小叶7～13对，对生或近互生，披针状长圆形或椭圆状长圆形，先端钝圆或急尖，基部宽楔形或圆形。总状花序顶生，花多数，密生；苞片似托叶，脱落；花萼斜钟状，5萼齿明显，三角状卵形；花冠白色或淡黄色，旗瓣长圆状，翼瓣卵状长圆形，具三角形耳，龙骨瓣与翼瓣相似；雄蕊10；子房密被白色近贴伏柔毛。荚果串珠状，长8～13cm，直，具多数种子。种子卵球形，褐色或黄褐色。花期5～6月，果期8～10月。

分布与生境 常见于敦煌及周边荒地、田边、渠旁、盐土草滩上。

豆科Fabaceae 苦马豆属*Sphaerophysa* DC.

苦马豆*Sphaerophysa salsula* (Pall.) DC.

形态特征 又名羊吹泡、红花苦豆子。半灌木或多年生草本，高30～60cm。根粗壮，深，长。茎直立或下部匍匐，被疏至密的灰白色“丁”字毛。托叶线状披针形，三角形至钻形；小叶11～21，倒卵形至倒卵状长圆形，先端微凹至圆，具短尖头，基部圆形至宽楔形，上面疏被毛。总状花序长6.5～17cm；苞片卵状披针形；花梗长4～5mm，密被白色柔毛；花萼钟状，萼齿三角形，上边2齿较宽短，外面被白色柔毛；花冠初呈鲜红色，后变紫红色，旗瓣瓣片近圆形，先端微凹，基部具短柄，翼瓣较龙骨瓣短，先端圆；子房近线形，密被白色柔毛，内侧疏被纵列髯毛。荚果椭圆形至卵圆形，膨胀，果颈长，果瓣膜质。种子肾形至近半圆形，褐色。花期5～8月，果期6～9月。

分布与生境 见于敦煌周边荒地、田边、渠旁，海拔960～3180m。

豆科Fabaceae 锦鸡儿属*Caragana* Fabr.

荒漠锦鸡儿 *Caragana roborovskyi* Kom.

形态特征 灌木，高0.3～1m。基部多分枝，老枝黄褐色，皮剥裂，嫩枝密被白色柔毛。羽状复叶有3～6对小叶；托叶膜质，被柔毛，先端具刺尖；叶轴宿存，硬化成针刺，密被柔毛；小叶宽倒卵形或长圆形，先端圆或锐尖，具刺尖，基部楔形，密被柔毛。花梗单生，关节在中部到基部，密被柔毛；花萼管状，密被白色长柔毛，萼齿披针形；花冠黄色，旗瓣有时带紫色，倒卵圆形，基部渐狭成瓣柄，翼瓣片披针形，瓣柄长为瓣片的1/2，耳线形，较瓣柄略短，龙骨瓣先端尖，瓣柄与瓣片近相等，耳小，圆钝；子房被密毛。荚果圆筒状，被白色长柔毛，先端具尖头。花期5月，果期6～7月。

分布与生境 见于马鬃山、北山和阿尔金山的干山坡、山沟。

白刺科 Nitrariaceae　白刺属 *Nitraria* L.

帕米尔白刺 *Nitraria pamirica* Vassil.

形态特征 矮灌木，高12～30cm。茎基部多分枝，枝常伏卧，不孕枝顶端刺针状；老枝灰白色，皮开裂；嫩枝白色，被短伏毛。叶条状匙形，下部渐窄，先端锐尖或钝，全缘，蓝绿色，稍肉质，两面被短伏毛；托叶膜质，脱落。花序生于枝端，蝎尾状，着生8～20朵花；花萼宿存，下半部结合，裂片宽三角状；花瓣白色，矩圆状卵形，边缘反卷，呈兜状，具短爪。果鲜红色，干时近黑色，卵形，中部稍缢缩，基部稍平，被短伏毛，成熟时果汁鲜红色，后渐变为深红色；果核淡灰黄色，矩圆状圆锥形，稍三棱状，基部稍圆；棱形状不同，长三角状或锥形，棱间有凹槽，果棱下部具网纹或凹点，互相交织。果期8月。

分布与生境 见于阿尔金山海拔2000m的山沟中。

白刺科 Nitrariaceae　白刺属 *Nitraria* L.

大白刺 *Nitraria roborowskii* Kom.

形态特征 又名齿叶白刺。灌木，高1～2m。多分枝，枝平卧，有时直立；不孕枝先端刺针状，被沙埋压形成小沙丘，枝上生不定根，嫩枝灰白色，先端针刺状。叶2～3片簇生，矩圆状匙形或倒卵形，长25～40mm，宽7～20mm，先端圆钝，有时平截，全缘或先端具不规则2～3齿裂。花小，黄绿色或近白色，花较稠密，但较其他种稀疏。蝎尾状聚伞花序，顶生或腋生，被疏短毛；萼片5，绿色；花5，白色，矩圆形；雄蕊10 ~ 15。核果卵形，长12～18mm，直径8～15mm，熟时深红色，果汁紫黑色。果核狭卵形，长8～10mm，宽3～4mm，表面具蜂窝状小孔。花期6月，果期7～8月。

分布与生境 见于雅丹地质公园内。

白刺科 Nitrariaceae　白刺属 *Nitraria* L.

小果白刺 *Nitraria sibirica* Pall.

形态特征 又名西伯利亚白刺。灌木，高0.5～1.5m。多分枝，枝铺散，少直立。小枝灰白色，不孕枝先端刺针状。叶近无柄，在嫩枝上4～6片簇生，倒披针形，长6～15mm，宽2～5mm，先端锐尖或钝，基部渐窄成楔形，无毛或幼时被柔毛。聚伞花序，长1～3cm，被疏柔毛；萼片5，绿色，花瓣黄绿色或近白色，矩圆形，长2～3mm。浆果状核果，椭圆形或近球形，两端钝圆，长6～8mm，熟时暗红色，果汁暗蓝色，带紫色，味甜而微咸；果核卵形，先端尖，长4～5mm，表面具蜂窝状小孔。花期5～6月，果期7～8月。

分布与生境 见于敦煌周边湿地及阿尔金山沟谷两岸。

白刺科 Nitrariaceae　白刺属 *Nitraria* L.

泡泡刺 *Nitraria sphaerocarpa* Maxim.

形态特征 又名球果白刺、膜果白刺。灌木。多分枝，枝平卧，长25～50cm，弯，不孕枝先端刺针状，嫩枝白色。叶近无柄，2～3片簇生，条形或倒披针状条形，全缘，长5～25mm，宽2～4mm，先端稍锐尖或钝。花序长2～4cm，被短柔毛，黄灰色；花梗长1～5mm；萼片5，绿色，被柔毛；花瓣白色，长约2mm。果未熟时披针形，先端渐尖，密被黄褐色柔毛，成熟时外果皮干膜质，膨胀成球形，果径约1cm；果核狭纺锤形，长6～8mm，先端渐尖，表面具蜂窝状小孔。花期5～6月，果期6～7月。

分布与生境 常见于敦煌及周边戈壁、山前平原和砾质平坦沙地。

白刺科 Nitrariaceae　白刺属*Nitraria* L.

白刺*Nitraria tangutorum* Bobr.

形态特征 灌木，高1～2m。多分枝，弯、平卧或开展；不孕枝先端刺针状，被沙埋压形成小沙丘，枝上生不定根；嫩枝白色，先端针刺状。叶互生，在嫩枝上常2～3片簇生，宽倒披针形，长18～30mm，宽6～8mm，先端圆钝，基部渐窄成楔形，全缘，稀先端齿裂。花黄绿色或近白色，排列较密集。浆果状核果，卵形，有时椭圆形，熟时深红色，果汁玫瑰色，长8～12mm，直径6～9mm；果核狭卵形，长5～6mm，先端短渐尖，表面具蜂窝状小孔。花期5～6月，果期7～8月。

分布与生境 见于敦煌东湖、北湖、西湖、北山、阿克塞县城周边等覆沙地。

蒺藜科 Zygophyllaceae　骆驼蓬属 *Peganum* L.

骆驼蓬 *Peganum harmala* L.

形态特征 多年生草本。高30～70cm。根多数，粗达2cm。茎直立或开展，由基部多分枝。叶互生，卵形，全裂为3～5条形或披针状条形裂片。花单生枝端，与叶对生；萼片5，裂片条形，长1.5～2cm，有时仅顶端分裂；花瓣黄白色，倒卵状矩圆形，长1.5～2cm，宽6～9mm；雄蕊15，花丝近基部宽展；子房3室，花柱3。蒴果近球形。种子三棱形，稍弯，黑褐色，表面被小瘤状突起。花期5～6月，果期7～9月。

分布与生境 见于敦煌及周边轻盐渍化沙地、壤质低山坡或河谷沙丘。

蒺藜科 Zygophyllaceae　骆驼蓬属 *Peganum* L.

多裂骆驼蓬 *Peganum multisectum* (Maxim.) Bobr.

形态特征 多年生草本，嫩时被毛。茎平卧，长30～80cm。叶二至三回深裂，基部裂片与叶轴近垂直，裂片长6～12mm，宽1～1.5mm。萼片3～5深裂，绿色，果期宿存，变成黄绿色；花单生于茎端或叶腋；花瓣5，淡黄色，倒卵状矩圆形，长10～15mm，宽5～6mm；雄蕊15，短于花瓣，基部宽展；子房3室，花柱上部三棱状。蒴果近球形，顶部稍平扁。种子多数，略成三角形，长2～3mm，稍弯，黑褐色，表面有小瘤状突起。花期5～7月，果期6～9月。

分布与生境 见于敦煌及周边地区轻盐渍化沙地、壤质低山坡或河谷沙丘。

蒺藜科 Zygophyllaceae　蒺藜属 *Tribulus* L.

蒺藜 *Tribulus terrestris* L.

形态特征 一年生草本。茎平卧，长20～60cm，被长柔毛或长硬毛。偶数羽状复叶，长1.5～5cm，对生或互生；小叶近无柄，3～8对，矩圆形，长6～15mm，宽2～5mm，先端锐尖或钝，基部稍偏科，被柔毛，全缘。花腋生，花梗短于叶，花黄色；萼片5，宿存；花瓣5；雄蕊10，生于花盘基部，基部有鳞片状腺体；子房具5棱，柱头5裂，每室3～4胚珠。果有分果瓣5，硬，长4～6mm，无毛或被毛，中部边缘有锐刺2，下部常有小锐刺2，其余部位常有小瘤体。花期5～8月，果期6～9月。

分布与生境 常见于敦煌及周边地区沙地、荒地、山坡、居民点附近。

蒺藜科 Zygophyllaceae　驼蹄瓣属 *Zygophyllum* L.

驼蹄瓣 *Zygophyllum fabago* L.

形态特征 多年生草本。高30～80cm。根粗壮。茎多分枝，枝条开展或铺散，基部木质化。托叶革质，卵形或椭圆形，绿色，茎中部以下托叶合生，上部托叶较小，披针形，分离；叶柄显著短于小叶；小叶1对，倒卵形、矩圆状倒卵形，长15～33mm，宽6～20mm，质厚，先端圆形。花腋生；花梗长4～10mm；萼片卵形或椭圆形，先端钝，边缘为白色膜质；花瓣倒卵形，与萼片近等长，先端近白色，下部橘红色；雄蕊长于花瓣，长11～12mm，鳞片矩圆形，长为雄蕊之半。蒴果矩圆形或圆柱形，长2～3.5cm，宽4～5mm。种子多数，长约3mm，宽约2mm，表面有斑点。花期5～6月，果期6～9月。

分布与生境 见于敦煌周边绿洲、湿润沙地和荒地。

蒺藜科 Zygophyllaceae　驼蹄瓣属 *Zygophyllum* L.

甘肃驼蹄瓣 *Zygophyllum kansuense* Y. X. Liou

形态特征 多年生草本，高7～15cm。根木质。茎由基部分枝，嫩枝具乳头状突起和钝短刺毛。托叶离生，圆形或披针形，边缘膜质；叶柄长2～4mm，嫩时有乳头状突起和钝短刺毛，具翼，先端有丝状尖头；小叶1对，扁平，肉质，倒卵形或矩圆形，长6～15mm，宽3～5mm，先端钝圆。花1～2孕生于叶腋；花梗长1～3mm，具乳头状突起，后期脱落；萼片绿色，倒卵状椭圆形，长约5mm，边缘白色；花瓣与萼片近等长，白色，稍带橘红色；雄蕊短于花瓣，中下部具鳞片。蒴果披针形，先端渐尖，稍具棱。花期5～7月，果期6～8月。

分布与生境 见于敦煌北山、马鬃山周边戈壁或流沙上。

蒺藜科 Zygophyllaceae　驼蹄瓣属 *Zygophyllum* L.

粗茎驼蹄瓣 *Zygophyllum loczyi* Kanitz

形态特征 一或二年生草本，高5～25cm。茎开展或直立，由基部多分枝。托叶膜质或草质，上部的托叶分离，三角状，基部的结合为半圆形；叶柄短于小叶，具翼；茎上部的小叶常1对，中下部的2～3对，椭圆形或斜倒卵形，长6～25mm，宽4～15mm，先端圆钝。花梗长2～6mm，1～2腋生；萼片5，椭圆形，长5～6mm，绿色，具白色膜质缘；花瓣近卵形，橘红色，边缘白色，短于萼片或近等长；雄蕊短于花瓣。蒴果圆柱形，长16～25mm，宽5～6mm，先端锐尖或钝，果皮膜质。种子多数，卵形，长3～4mm，先端尖，表面密被凹点。花期4～7月，果期6～8月。

分布与生境 偶见于敦煌周边沟谷两侧平坦之处。

蒺藜科 Zygophyllaceae　驼蹄瓣属 *Zygophyllum* L.

大花驼蹄瓣 *Zygophyllum potaninii* Maxim.

形态特征 多年生草本，高10～25cm。茎直立或开展，由基部多分枝，粗壮。托叶草质，合生，宽短，长约3mm，边缘膜质；叶柄长3～8mm，叶轴具翼；小叶1～2对，斜倒卵形、椭圆或近圆形，长1～2.5cm，宽0.5～2cm，肥厚。花梗短于萼片，花后伸长；花2～3朵腋生，下垂；萼片倒卵形，稍黄色，长6～11mm，宽4～5mm；花瓣白色，下部橘黄色，匙状倒卵形，短于萼片；雄蕊长于萼片，鳞片条状椭圆形，长为花丝之半。蒴果下垂，卵圆状球形或近球形，长15～25mm，宽15～26mm，具5翅，翅宽5～7mm，每室有种子4～5粒。种子斜卵形，长约5mm，宽约3mm。花期5～6月，果期6～8月。

分布与生境 见于北山、马鬃山、大红山等戈壁及石质低山坡。

蒺藜科 Zygophyllaceae　驼蹄瓣属 *Zygophyllum* L.

石生驼蹄瓣 *Zygophyllum rosowii* Bunge

形态特征 多年生草本，高10～15cm。根木质，粗达3cm。茎由基部多分枝，通常开展，无毛，具条棱。托叶全部离生，卵形，长2～3mm，白色膜质；叶柄长2～7mm；小叶1对，卵形，长8～18mm，宽5～8mm，绿色，先端钝或圆。花1～2腋生；花梗长5～6mm；萼片椭圆形或倒卵状矩圆形，长5～8mm，宽2～3mm，边缘膜质；花瓣5，倒卵形，与萼片近等长，先端圆形，白色，下部橘红色，基部渐狭成爪；雄蕊长于花瓣，橙黄色，鳞片矩圆形，上部有齿或全缘。蒴果条状披针形，长18～25mm，宽约5mm，先端渐尖，稍弯或镰刀状弯曲，下垂。种子灰蓝色，矩圆状卵形。花期4～6月，果期6～7月。

分布与生境 见于北山、马鬃山及周边戈壁、砾石低山坡、洪积砾石堆或峭壁。

蒺藜科 Zygophyllaceae　霸王属 *Sarcozygium* Bunge

霸王 *Zygophyllum xanthoxylum* (Bunge) Maxim.

形态特征 灌木，高50～100cm。枝条开展，“之”字形弯曲，呈灌丛状，皮淡灰色，木质部黄色，先端具刺尖，坚硬。叶在老枝上簇生，幼枝上对生；叶柄长8～25mm；小叶1对，长匙形，狭矩圆形或条形，长8～24mm，宽2～5mm，先端圆钝，基部渐狭，肉质。花生于老枝叶腋；萼片4，倒卵形，绿色，长4～7mm；花瓣4，倒卵形或近圆形，淡黄色，长8～11mm；雄蕊8，长于花瓣。蒴果近球形，常3室，每室有1粒种子。种子肾形。花期4～5月，果期7～8月。

分布与生境 常见于北山、马鬃山及阿尔金山、祁连山等荒漠和半荒漠的砂砾质河流阶地、低山山坡、碎石低丘和山前沟谷。

锦葵科 Malvaceae 木槿属*Hibiscus* L.

野西瓜苗 *Hibiscus trionum* L.

形态特征 一年生草本，高25～70cm。直立或平卧，茎柔软，被白色星状粗毛。叶二型，下部叶圆形，不分裂，上部叶掌状3～5深裂，中裂片较长，两侧裂片较短，裂片倒卵形至长圆形，常羽状全裂，上被粗硬毛，下被星状粗刺毛；托叶线形，被星状粗硬毛。花单生于叶腋，被星状粗硬毛；小苞片12，线形，被粗长硬毛；花萼钟形，淡绿色，被粗长硬毛或星状粗长硬毛；裂片5，膜质，三角形，具纵向紫色条纹；花淡黄色，基部紫色，花瓣5，倒卵形；花丝纤细，花药黄色；花柱枝5，无毛。蒴果长圆状球形，被粗硬毛，果皮薄，黑色。种子肾形，黑色，具腺状突起。花期6～10月，果期7～10月。

分布与生境 见于敦煌城边田埂、渠旁及荒地。

柽柳科 Tamaricaceae 红砂属 *Reaumuria* L.

红砂 *Reaumuria songarica* (Pallas) Maxim.

形态特征 小灌木，高达30～70cm。树皮不规则薄片剥裂，多分枝。老枝灰褐色。叶肉质，短圆柱形，鳞片状，上部稍粗，长1～5mm，宽0.5～1mm，微弯，先端钝，灰蓝绿色，具点状泌盐腺体，常4～6枚簇生于短枝。花单生叶腋，无梗，径约4mm；苞片3，披针形；花萼钟形，5裂，裂片三角形，被腺点；花瓣5，白色略带淡红色，长3～4.5mm，宽约2.5mm，内侧具2枚倒披针形附属物，薄片状；雄蕊6～8(12)，分离，花丝基部宽，几与花瓣等长；子房椭圆形，花柱3，柱头窄长。蒴果纺锤形或长椭圆形，长4～6mm，径约2mm，具3棱，3（4）瓣裂，常具3～4粒种子。种子长圆形，长3～4mm，全被淡褐色长毛。花期7～8月，果期8～9月。

分布与生境 常见于敦煌及周边荒漠、半荒漠沙地、山前平原、河流阶地、戈壁。

柽柳科 Tamaricaceae 红砂属 *Reaumuria* L.

五柱红砂 *Reaumuria kaschgarica* Rupr.

形态特征 矮小半灌木，高达10～20cm。具多数曲拐的细枝，呈垫状；老枝灰棕色，当年生枝淡红色至淡红棕色；由老枝发出的当年生嫩枝绿色。叶略扁，由基部的鳞片状向上渐变长，呈线形或略近圆柱形，肉质，长4～10mm，宽0.6～1mm。花单生小枝顶端，近无梗；苞片稀少，形同叶片，长3～4mm；萼片5，卵状披针形，外伸，边缘膜质；花瓣5，粉红色，椭圆形，内侧有4枚长圆形的附属物；雄蕊通常15～18枚，花丝茎部连合；子房卵圆形，花柱5，柱头狭尖。蒴果长圆状卵形，长7mm，5瓣裂。种子细小，长圆状椭圆形，顶端有突起，全被褐色毛。花期5～8月，果期9月。

分布与生境 见于阿尔金山砾质山坡和阶地上。

柽柳科 Tamaricaceae 红砂属 *Reaumuria* L.

黄花红砂 *Reaumuria trigyna* Maxim.

形态特征 小半灌木，高10～30cm。多分枝，小枝略开展；老枝灰黄色或褐灰白色，树皮片状剥裂；当年生枝由老枝发出，纤细，光滑，淡绿色。叶肉质，常2～5枚簇生，半圆柱状线形，先端钝，基部渐变狭，长5～15mm，干后多少弓曲。花单生叶腋（大多单生于小枝之顶），5数，直径5～7mm；花梗纤细，长8～10mm；苞片约10片，宽卵形，短突尖，覆瓦状排列，与花萼密接；萼片5，基部合生，与苞片同形；花瓣在花芽内旋转，黄色，长圆状倒卵形，略偏斜，长约5mm；雄蕊15，花丝钻形；子房卵圆形至倒卵圆形，花柱3，长3～5mm，宿存。蒴果长圆形，长达1cm，3瓣裂。花期7～8月，果期8～9月。

分布与生境 见于敦煌周边砂砾地、石质及土石质干旱山坡和戈壁滩。

柽柳科 Tamaricaceae　　柽柳属 *Tamarix* L.

甘蒙柽柳 *Tamarix austromongolica* Nakai

形态特征 灌木或乔木，高1.5～6m。树干和老枝栗红色。枝直立，幼枝及嫩枝质硬直伸。叶灰蓝绿色，木质化生长枝上基部叶阔卵形，上部叶卵状披针形，先端均呈尖刺状，基部向外鼓胀；绿色嫩枝上的叶长圆形或长圆状披针形，基部亦向外鼓胀。总状花序侧生于去年生木质化枝上，长3～4cm，密集；当年生幼枝顶形成大型圆锥花序；苞叶宽卵形，蓝绿色；苞片线状披针形，浅白色或带紫蓝绿色；花5数；萼片5，卵形，绿色；花瓣5，倒卵状长圆形，淡紫红色，顶端向外反折，花后宿存；花盘5裂，顶端微缺，紫红色；雄蕊5，花丝丝状，着于花盘裂片间，花药红色；子房三棱状卵圆形，红色，柱头3。蒴果长圆锥形，长约5mm。花期5～6月，果期6～9月。

分布与生境 见于敦煌及周边盐渍化河漫滩及冲积平地、盐碱沙荒地及灌溉盐碱地边。

柽柳科 Tamaricaceae 柽柳属 *Tamarix* L.

刚毛柽柳 *Tamarix hispida* Willd.

形态特征 又名毛红柳。灌木或小乔木，高1.5～6m。老枝红棕色，幼枝淡红，全体密被单细胞短直毛。木质化生长枝上的叶卵状披针形，渐尖，抱茎达一半，淡灰黄色；绿色营养枝上的叶阔心状卵形，渐尖，内弯，半抱茎，密被柔毛。总状花序夏秋于当年枝顶集成顶生圆锥花序；苞片狭三角状披针形，渐尖，全缘，基部抱茎；花5数；花萼5深裂，萼片卵圆形；花瓣5，紫红色或鲜红色，倒卵形，开张；花盘5裂；雄蕊5，花丝基部变粗，有蜜腺，花药心形，顶端钝；子房长瓶状，花柱3。蒴果狭长锥形瓶状，金黄色、淡红色、鲜红色以至紫色。种子黑紫色，约15粒。花期7～9月，果期9～10月。

分布与生境 见于敦煌西湖艾山井子等潮湿和松陷盐土上。

怪柳科 Tamaricaceae 柽柳属 *Tamarix* L.

多花柽柳 *Tamarix hohenackeri* Bunge

形态特征 又名霍氏柽柳。灌木或小乔木，高1～3（6）m。老枝灰褐色，二年生枝暗红紫色。绿色营养枝上的叶披针形，具短尖头，内弯，边缘干膜质，半抱茎；木质化生长枝上的叶卵状披针形，抱茎，基部膨胀，下延。春夏季均开花，春季总状花序侧生在去年生的木质化的生长枝上，多为数个簇生，夏季总状花序在当年生幼枝顶端集成短圆锥花序；苞片条状长圆形，突尖，常呈干薄膜质；花5数；萼片卵圆形；花瓣卵形，玫瑰色或粉红色，果时宿存；花盘5裂，肥厚，暗紫红色；雄蕊5，花药心形；花柱3，棍棒状匙形。蒴果长4～5mm。花期为春季开花5～6月，夏季开花直到秋季。

分布与生境 见于敦煌及周边河岸林中，以及荒漠河、湖沿岸沙地广阔的冲积淤积平滩上的轻度盐渍化土壤上。

柽柳科 Tamaricaceae 柽柳属 *Tamarix* L.

长穗柽柳 *Tamarix elongata* Ledeb.

形态特征 灌木，高1～5m。枝短而粗壮，挺直，末端粗钝；老枝灰色，二年生枝淡灰黄色，嫩枝淡黄绿色。生长枝上的叶披针形，渐尖或急尖，向外伸，半抱茎，具耳；营养枝上的叶心状披针形，半抱茎，短下延。总状花序侧生在去年生枝上，单生，粗壮，通常长约12cm；苞片线状披针形，渐尖，淡绿色或膜质，明显地超出花萼或与花萼等长，花时略向外倾，花末向外反折；花较大，4朵，密生；花萼深钟形，萼片卵形，钝或急尖，边缘膜质，具牙齿；花瓣倒卵形，先端圆钝，张开，粉红色，花后即落；花盘4裂；雄蕊4，花药粉红色；子房卵状圆锥形，柱头3枚。蒴果卵状披针形，3瓣裂。花期4～5月，果期5～6月。据记载，秋季偶二次开花，二次花为5朵。

分布与生境 见于敦煌及周边河谷阶地、干河床和沙丘上。可以在地下水深5～10m的地方生长。

柽柳科 Tamaricaceae　柽柳属 *Tamarix* L.

短穗柽柳 *Tamarix laxa* Willd.

形态特征 灌木，高1.5～3m。树皮灰色。幼枝灰色、淡红灰色或棕褐色；小枝短而直伸，脆而易折断。叶黄绿色，披针形，渐尖或急尖，边缘狭膜质。总状花序侧生在去年生的老枝上，早春绽发，稀疏，长达4cm；苞片卵形，长椭圆形，先端钝，边缘膜质，淡棕色或淡绿色；花4数；萼片4，卵形，渐尖，边缘宽膜质；花瓣4，粉红色，略呈长圆状椭圆形至长圆状倒卵形，充分开展，花后脱落；花盘4裂，肉质，暗红色；雄蕊4，花丝基部变宽，生花盘裂片顶端（假顶生），花药红紫色，钝；花柱3，顶端有头状柱头。蒴果狭，草质。花期4～5月。偶见秋季二次在当年枝开少量的花，秋季花5数。

分布与生境 见于敦煌及周边河流阶地、湖盆和沙丘边缘。

柽柳科 Tamaricaceae　柽柳属 *Tamarix* L.

细穗柽柳 *Tamarix leptostachya* Bunge

形态特征 灌木，高1～6m。老枝淡棕色，青灰色或火红色；当年生木质化生长枝灰紫色或火红色。生长枝上的叶卵形，急尖，半抱茎；营养枝上的叶狭卵状披针形，急尖，下延。总状花序细长，长4～12cm，生于当年生幼枝顶端，集成顶生密集的球形或卵状大型圆锥花序；苞片钻形，渐尖，直伸；花5数，小；萼片卵形，钝渐尖，边缘窄膜质；花瓣倒卵形，钝，淡紫红色或粉红色，一半向外弯，早落；花盘5裂，偶10裂；雄蕊5，花丝细长，伸出花冠之外，花丝基部变宽，着生在花盘裂片顶端；花药心形，无尖突；子房细圆锥形，花柱3。蒴果细，圆锥形。花期6～7月，果期7～8月。

分布与生境 见于敦煌及周边盆地下游的潮湿和松陷盐土上、丘间低地、河湖沿岸、河漫滩和灌溉绿洲的盐土上。

柽柳科 Tamaricaceae

柽柳属 *Tamarix* L.

多枝柽柳 *Tamarix ramosissima* Ledeb.

形态特征 灌木或小乔木，高1～6m。老干和老枝树皮暗灰色，当年生木质化枝淡红色或橙黄色，长而直伸，有分枝。木质化生长枝上的叶披针形，基部短，半抱茎，微下延；绿色营养枝上的叶短卵圆形，急尖，略向内倾，半抱茎，下延。总状花序生在当年生枝顶，集成顶生圆锥花序；苞片披针形，卵状披针形或条状钻形，卵状长圆形，渐尖；花5数；花萼广椭圆状卵形，边缘窄膜质，具不规则齿牙；花瓣粉红色或紫色，倒卵形，顶端微缺，直伸，靠合，形成闭合的酒杯状花冠，宿存；花盘5裂，裂片顶端有凹缺；雄蕊5，花丝基部不变宽，着生在花盘裂片间；子房锥形瓶状具3棱，花柱3，棍棒状。蒴果三棱圆锥形瓶状。花期5～9月。

分布与生境 见于敦煌及周边河漫滩上，在沙质和黏土质盐碱化的平坦开阔地上常形成大片丛林。

柽柳科 Tamaricaceae 水柏枝属*Myricaria* Desv.

宽苞水柏枝*Myricaria bracteata* Royle

形态特征 灌木，高0.5～3m。多分枝，老枝灰褐色，多年生枝黄绿色。叶密生于当年生绿色小枝上，卵形、卵状披针形，长2～4mm，宽0.5～2mm，先端钝或锐尖，基部略扩展或不扩展。总状花序顶生于当年生枝条上，密集呈穗状；苞片通常宽卵形或椭圆形，先端渐尖，边缘膜质，露出中脉而呈突尖头或尾状长尖，基部狭缩，具宽膜质的啮齿状边缘，中脉粗厚，易脱落，基部残留于花序轴上常呈龙骨状脊；萼片披针形，长圆形或狭椭圆形，先端钝或锐尖，内弯，具宽膜质边；花瓣倒卵形或倒卵状长圆形，先端圆钝，内曲，基部狭缩，具脉纹，粉红色、淡红色或淡紫色；雄蕊略短于花瓣；子房圆锥形，柱头头状。蒴果狭圆锥形。种子狭长圆形或狭倒卵形。花期6～7月，果期8～9月。

分布与生境 见于阿尔金山多坝沟上游、大泉河泉水出露出等常年有水的河谷砂砾质河滩，海拔1100～1300m。

锁阳科 Cynomoriaceae　锁阳属 *Cynomorium* L.

锁阳 *Cynomorium songaricum* Rupr.

形态特征 多年生肉质寄生草本。无叶绿素，全株红棕色，高15～100cm，大部分埋于沙中。寄生根上着生大小不等的锁阳芽体，初近球形，后变椭圆形或长柱形。茎圆柱状，直立，棕褐色，基部略粗。茎上着生螺旋状排列脱落性鳞片叶，中部或基部较密集，向上渐疏；鳞片叶卵状三角形，先端尖。肉穗花序生于茎顶，伸出地面，棒状；小花密集，雄花、雌花和两性相伴杂生。雄花3～6mm；花被片常4，离生或稍合生，倒披针形或匙形，下部白色，上部紫红色；蜜腺近倒圆形，亮鲜黄色，顶端有4～5钝齿，半抱花丝；雄蕊1，花丝粗，深红色；花药"丁"字形着生，深紫红色，矩圆状倒卵形。雌花约3mm；花被片5～6，条状披针形；花柱棒状；子房半下位，胚珠1。两性花少见，花丝极短，花药同雄花；雌蕊同雌花。小坚果近球形或椭圆形。种子近球形。花期5～7月，果期6～7月。

分布与生境 见于旱峡、鸣沙山、党河河谷及阿尔金山山前洪积扇等地，常寄生于白刺、红砂等植物。

报春花科 Primulaceae　海乳草属 *Glaux* L.

海乳草 *Glaux maritima* L.

形态特征 多年生草本，高3～25cm。根束生，结上常具细长地下匍匐茎，与根节上均具淡褐色的膜质鳞片。茎直立或下部匍伏，节间短，通常有分枝。叶近于无柄，交互对生或有时互生，间距极短或稍疏离，近茎基部的3～4对鳞片状，膜质，上部叶肉质，线形、线状长圆形或近匙形，长4～15mm，宽1.5～3.5mm，先端钝或锐尖，基部楔形，全缘。花单生于茎中上部叶腋；花梗长达1.5mm或极短；花萼钟形，白色或粉红色，花冠状，分裂至中部，裂片倒卵状长圆形；雄蕊5，稍短于花萼；子房卵珠形，上半部密被小腺点，花柱与雄蕊等长或稍短。蒴果卵状球形，长2.5～3mm，先端稍尖，略呈喙状。花期6月，果期7～8月。

分布与生境 见于敦煌及周边盐碱地和沼泽草甸湿地中。

白花丹科 Plumbaginaceae　补血草属 *Limonium* Mill.

黄花补血草 *Limonium aureum* (L.) Hill

形态特征 又名黄花矶松、金色补血草。多年生草本，高4～35cm。全株（除萼外）无毛。茎基常有残存的叶柄和红褐色芽鳞。叶基生，早凋，长圆状匙形至倒披针形，先端圆或钝，下部渐狭成叶柄。花序圆锥状，花序轴2至多数，绿色，密被疣状突起，由下部作数回叉状分枝，常呈"之"字形曲折，下部的多数分枝成为不育枝，末级的不育枝短而常略弯；穗状花序位于上部分枝顶端，由3～5小穗组成；小穗含2～3花；外苞宽卵形，先端钝或急尖；萼漏斗状，萼筒基部偏斜，全部沿脉和脉间密被长毛，萼檐金黄色，裂片正三角形，沿脉常疏被微柔毛，间生裂片常不明显；花冠橙黄色。花期6～8月，果期7～8月。

分布与生境 见于敦煌及周边各处，常生长于土质含盐的砾石滩、石质山坡和沙土地上。

白花丹科 Plumbaginaceae　补血草属 *Limonium* mill.

二色补血草 *Limonium bicolor* (Bunge) Kuntze

形态特征 多年生草本，高20～50cm。全株（除萼外）无毛。叶基生，匙形至长圆状匙形，先端钝，基部渐狭成平扁的柄。花序圆锥状；花序轴单生，或2～5枚各由不同的叶丛中生出，常有3～4棱角，有时具沟槽，分枝较多；不育枝少，位于分枝下部或单生于分叉处；穗状花序排列在花序分枝的上部至顶端，由3～5小穗组成；小穗含2～3花；外苞片长圆状宽卵形；萼漏斗状，萼筒脉密被长毛，萼檐淡紫红或粉红色，后来变白色，裂片宽短，先端常圆，间生裂片明显，脉不达于裂片顶缘，沿脉被微柔毛或变无毛；花冠黄色。花期5～7月，果期6～8月。

分布与生境 见于敦煌北山、阿尔金山山前，常生长于含盐的钙质土或沙土上。

夹竹桃科 Apocynaceae　罗布麻属*Apocynum* L.

白麻*Apocynum pictum* Schrenk

形态特征 又名大叶白麻。直立半灌木。高0.5～2m，具乳汁，基部木质化。茎黄绿色，有条纹。小枝被灰褐色柔毛。叶坚纸质，互生，线形至线状披针形，边缘具细牙齿。圆锥状的聚伞花序一至多歧，顶生；苞片披针形；花萼5裂，下部合生，裂片卵圆状三角形；花冠骨盆状，粉红色，裂片5枚，具3条深紫色条纹，宽三角形；副花冠裂片5，三角形；雄蕊5，与副花冠裂片互生，被绒毛，花药箭头状，基部具耳；花盘肉质环状；子房半下位，由2枚离生心皮所组成，花柱圆柱状，2裂。蓇葖果2，倒垂，外果皮灰褐色，有细纵纹。种子红褐色，长圆形，顶端具一簇白色绢毛。花期4～9月，果期7～12月。

分布与生境 常见于敦煌及周边盐碱荒地和河流两岸冲积地及湖泊周围。

夹竹桃科 Apocynaceae　罗布麻属 *Apocynum* L.

罗布麻 *Apocynum venetum* L.

形态特征 直立半灌木。高1.5～3m，具乳汁。枝条对生或互生，圆筒形，紫红色或淡红色。叶对生或近对生，叶片椭圆状披针形，顶端具短尖头，基部急尖至钝；叶柄间具腺体。圆锥状聚伞花序顶生，花梗被短柔毛；苞片膜质，披针形；花萼5深裂，两面被短柔毛；花冠圆筒状钟形，紫红色或粉红色；雄蕊着生在花冠筒基部，与副花冠裂片互生，花药箭头状，花丝密被白绒毛；柱头基部盘状，2裂，子房被白色绒毛；花盘环状，肉质，5裂。蓇葖果2，平行或叉生，下垂，柱状圆筒形，外果皮棕色，有纸纵纹。种子卵圆状长圆形，黄褐色，顶端具白色绢毛。花期6～7月，果期9～10月。

分布与生境 见于敦煌西湖、月牙泉等盐碱荒地及河流两岸、湖泊周围及戈壁荒滩上。

萝藦科 Asclepiadaceae 鹅绒藤属 *Cynanchum* L.

鹅绒藤 *Cynanchum chinense* R. Br.

形态特征 缠绕草本。全株被短柔毛。主根圆柱状，干后灰黄色。叶对生，薄纸质，宽三角状心形，长4～9cm，宽4～7cm，顶端锐尖，基部心形，叶面深绿色，叶背苍白色，两面均被短柔毛，脉上较密；侧脉约10对，在叶背略为隆起。伞形聚伞花序腋生，两歧，着花约20朵；花萼外面被柔毛；花冠白色，裂片长圆状披针形；副花冠二形，杯状，上端裂成10个丝状体，外轮约与花冠裂片等长，内轮略短；花粉块每室1个，下垂；花柱头略为突起，顶端2裂。蓇葖果双生或仅有1个发育，细圆柱状，向端部渐尖。种子长圆形；种毛白色绢质。花期6～8月，果期8～10月。

分布与生境 见于敦煌及周边路旁、河畔、田埂边，海拔0～900m。

萝藦科 Asclepiadaceae　鹅绒藤属 *Cynanchum* L.

戟叶鹅绒藤 *Cynanchum sibiricum* Willd

形态特征 多年生缠绕藤本。根粗壮，圆柱状，土灰色，径约2cm。叶对生，纸质，戟形或戟状心形，长4～6cm，基部宽3～4.5cm，向端部长渐尖，基部具2个长圆状平行或略为叉开的叶耳，两面均被柔毛，脉上与叶缘被毛略密。伞房状聚伞花序腋生，花序梗长3～5cm；花萼外面被柔毛，内部腺体极小；花冠外面白色，内面紫色，裂片长圆形，长4mm，宽1.3mm；副花冠双轮，外轮筒状，其顶端具有5条不同长短的丝状舌片，内轮5条裂较短；花粉块长圆状，下垂；子房平滑，柱头隆起，顶端微2裂。蓇葖果单生，狭披针形，长约10cm，直径1cm。种子长圆形，长约5mm；种毛白色绢质，长2cm。花期5～8月，果期6～10月。

分布与生境 常见于敦煌及周边路旁、河畔、田埂边，海拔900～1400m。

旋花科 Convolvulaceae　打碗花属 *Calystegia* R. Br.

打碗花 *Calystegia hederacea* Wall.

形态特征 一年生草本，又名打碗碗花，小旋花，面根藤、狗儿蔓、葍秧、斧子苗、喇叭花。植株通常矮小，高8～30cm。全体不被毛。常自基部分枝，具细长白色的根。茎细，平卧，有细棱。基部叶片长圆形，顶端圆，基部戟形，上部叶片3裂，中裂片长圆形或长圆状披针形，侧裂片近三角形，全缘或2～3裂，叶片基部心形或戟形；叶柄长1～5cm。花腋生，1朵，花梗长于叶柄，有细棱；苞片宽卵形，长0.8～1.6cm，顶端钝或锐尖至渐尖；萼片长圆形，长0.6～1cm，顶端钝，具小短尖头，内萼片稍短；花冠淡紫色或淡红色，钟状，长2～4cm，冠檐近截形或微裂；雄蕊近等长，花丝基部扩大，贴生花冠管基部，被小鳞毛；子房无毛，柱头2裂，裂片长圆形，扁平。蒴果卵球形，长约1cm，宿存萼片与之近等长或稍短。种子黑褐色，长4～5mm，表面有小疣状突起。

分布与生境 见于敦煌及周边农田、荒地及路旁。

旋花科 Convolvulaceae 旋花属 *Convolvulus* L.

田旋花 *Convolvulus arvensis* L.

形态特征 多年生草本。根状茎横走，茎平卧或缠绕，有条纹及棱角。叶卵状长圆形至披针形，长1.5～5cm，宽1～3cm，先端钝或具小短尖头，基部大多戟形，或箭形及心形，全缘或3裂，侧裂片展开，微尖，中裂片卵状椭圆形，狭三角形或披针状长圆形，微尖或近圆；叶脉羽状，基部掌状。花序腋生，常1花，有时2～3花；苞片2，线形，长约3mm；萼片有毛，2片外萼片稍短，长圆状椭圆形，钝，具短缘毛，内萼片近圆形，钝或稍凹，边缘膜质；花冠宽漏斗形，白色或粉红色，5浅裂；雄蕊5，花丝基部扩大，具小鳞毛；子房有毛，柱头2，线形。蒴果卵状球形，或圆锥形，无毛。种子4，卵圆形，无毛，暗褐色或黑色。花期6～8月，果期6～9月。

分布与生境 常见于敦煌及周边耕地和绿洲荒地上。

旋花科 Convolvulaceae　旋花属 *Convolvulus* L.

刺旋花 *Convolvulus tragacanthoides* Turcz.

形态特征 匍匐有刺亚灌木，全体被银灰色绢毛，高4～15cm。茎密集分枝，形成披散垫状。小枝坚硬，具刺。叶狭线形，或稀倒披针形，均密被银灰色绢毛。花2～6朵密集于枝端，稀单花，花枝有时伸长，无刺，花柄长2～5mm，密被半贴生绢毛；萼片长5～8mm，椭圆形或长圆状倒卵形，外面被棕黄色毛；花冠漏斗形，粉红色，具5条密生毛的瓣中带，5浅裂；雄蕊5，不等长，花丝丝状，无毛，基部扩大，较花冠短一半；雌蕊较雄蕊长；子房有毛，2室，每室2胚珠，花柱丝状，柱头2，线形。蒴果球形，有毛。种子卵圆形。花期5～7月。

分布与生境 见于敦煌北山、马鬃山石缝中及戈壁滩。

旋花科 Convolvulaceae　菟丝子属 *Cuscuta* L.

菟丝子 *Cuscuta chinensis* Lam.

形态特征 一年生寄生草本。茎缠绕，黄色，纤细，直径1mm。无叶。花序侧生，少花或多花簇生成小伞形或小团伞花序，近于无总花序梗；苞片及小苞片小，鳞片状；花梗稍粗壮；花萼杯状，中部以下连合，裂片三角状，顶端钝；花冠白色，壶形，裂片三角状卵形，顶端锐尖或钝，向外反折，宿存；雄蕊着生花冠裂片弯缺微下处；鳞片长圆形，边缘长流苏状；子房近球形，花柱2，等长或不等长，柱头球形。蒴果球形，几乎全为宿存的花冠所包围，成熟时整齐周裂。种子2～4，淡褐色，卵形，长1mm，表面粗糙。

分布与生境 见于敦煌田边或路边灌丛，常寄生于豆科、菊科、蒺藜科等植物上。

紫草科 Boraginaceae 软紫草属 *Arnebia* Forsk.

硬萼软紫草 *Arnebia decumbens* (Vent.) Coss. et Kral.

形态特征 一年生草本，高15～30cm。根含少量紫色物质。茎直立，自基部分枝，有伸展的长硬毛。枝互生或近对生。茎生叶无柄，线状长圆形至线状披针形，长2～6cm，宽2～16mm，两面均疏生硬毛，先端钝。花萼裂片线形，有长硬毛和短伏毛，果期增大，长可达12mm，基部扩展并硬化，包围小坚果；花冠黄色，筒状钟形，长1～1.4cm，外面有短柔毛，筒部直或稍弯曲，檐部直径3～6mm，裂片宽卵形，近等大；雄蕊5，螺旋状着生花冠筒上部，花药长圆形；子房4裂，花柱丝状，长近达喉部，先端2次浅2裂，每分枝各具1球形柱头。小坚果三角状卵形，长约2mm，褐色，密生疣状突起，背面凸，稍有皱纹，近先端处龙骨状，腹面中线隆起。花果期5～6月。

分布与生境 见于敦煌北山、阿尔金山等山坡、沙地、戈壁上。

紫草科Boraginaceae　软紫草属*Arnebia* Forsk.

灰毛软紫草*Arnebia fimbriata* Maxim.

形态特征 多年生草本，高10～18cm。全株密生灰白色长硬毛。茎常多条，多分枝。叶无柄，线状长圆形至线状披针形，长8～25mm，宽2～4mm。镰状聚伞花序长1～3cm，具排列较密的花；苞片线形；花萼裂片钻形，长约11mm，两面密生长硬毛；花冠淡蓝紫色或粉红色，有时为白色，外面稍有毛，筒部直或稍弯曲，檐部直径5～13mm，裂片宽卵形，几等大，边缘具不整齐牙齿；雄蕊着生花冠筒中部（长柱花）或喉部（短柱花），花药长约2mm；子房4裂，花柱丝状，稍伸出喉部（长柱花）或仅达花冠筒中部，先端微2裂。小坚果三角状卵形，长约2mm，密生疣状突起，无毛。花果期6～9月。

分布与生境 见于敦煌北山、马鬃山戈壁、山前冲积扇及砾石山坡等处。

紫草科 Boraginaceae　软紫草属 *Arnebia* Forsk.

黄花软紫草 *Arnebia guttata* Bunge

形态特征 多年生草本，高10～25cm。根含紫色物质。茎通常2～4条，有时1条，直立，多分枝，密生开展的长硬毛和短伏毛。叶无柄，匙状线形至线形，长1.5～5.5cm，宽3～11mm，两面密生具基盘的白色长硬毛，先端钝。镰状聚伞花序长3～10cm，含多数花；苞片线状披针形；花萼裂片线形，长6～10mm，果期可达15mm，有开展或半贴伏的长伏毛；花冠黄色，筒状钟形，外面有短柔毛，檐部直径7～12mm，裂片宽卵形或半圆形，开展，常有紫色斑点；雄蕊着生花冠筒中部（长柱花）或喉部（短柱花），花药长圆形，长约1.8mm；子房4裂，花柱丝状，稍伸出喉部（长柱花）或仅达花冠筒中部（短柱花），先端浅2裂，柱头肾形。小坚果三角状卵形，长2.5～3mm，淡黄褐色，有疣状突起。花果期6～10月。

分布与生境 见于敦煌北山等山坡、沙地、戈壁上。

紫草科 Boraginaceae 软紫草属 *Arnebia* Forsk.

疏花软紫草 *Arnebia szechenyi* Kanitz

形态特征 多年生草本，高20～30cm。根稍含紫色物质。茎有疏分枝，密生灰白色短柔毛。叶无叶柄，狭卵形至线状长圆形，长1～2cm，宽2～6mm，先端急尖，两面都有短伏毛和具基盘的短硬毛，边缘具钝锯齿，齿端有硬毛。镰状聚伞花序长1.5～5cm，有数朵花，排列较疏；苞片与叶同型；花萼长约1cm，裂片线形，两面密生长硬毛和短硬毛；花冠黄色，筒状钟形，长15～22mm，外面有短毛，檐部直径5～7mm，常有紫色斑点；雄蕊着生花冠筒中部（长柱花）或喉部（短柱花），花药长约1.6mm；子房4裂，花柱丝状，稍伸出喉部（长柱花）或仅达花冠筒中部，先端浅2裂。小坚果三角状卵形，长约2.7mm，有疣状突起和短伏毛。花果期6～9月。

分布与生境 见于敦煌北山等山坡、戈壁上。

紫草科 Boraginaceae　紫丹属 *Tournefortia* L.

砂引草 *Tournefortia sibirica* L.

形态特征 多年生草本，高10～30cm。有细长的根状茎。茎单一或数条丛生，直立或斜升，常分枝，密生糙伏毛或白色长柔毛。叶披针形、倒披针形或长圆形，长1～5cm，宽6～10mm，先端渐尖或钝，基部楔形或圆形，密生糙伏毛或长柔毛，中脉明显，上面凹陷，下面突起。花序顶生；萼片披针形，密生向上的糙伏毛；花冠黄白色，钟状，裂片卵形或长圆形，外弯，外面密生向上的糙伏毛；花药长圆形，先端具短尖，花丝极短，着生花筒中部；子房无毛，略现4裂，花柱细，柱头浅2裂，下部环状膨大。核果椭圆形或卵球形，长7～9mm，粗糙，密生伏毛，先端凹陷，核具纵肋。花期5～6月，果期6～7月。

分布与生境 见于敦煌及周边山前戈壁、绿洲荒地及道旁。

紫草科 Boraginaceae　鹤虱属 *Lappula* Moench

鹤虱 *Lappula myosotis* Moench

形态特征 一或二年生草本，高30～60cm。茎直立，中部以上多分枝，密被白色短糙毛。基生叶长圆状匙形，全缘，先端钝，基部渐狭成长柄，两面密被白色长糙毛；茎生叶较短而狭，披针形或线形，扁平或沿中肋纵折，先端尖，基部渐狭，无叶柄。花序在花期短，果期伸长；苞片线形；花梗果期伸长，直立而被毛；花萼5深裂，裂片线形，急尖，有毛，果期增大呈狭披针形，星状开展或反折；花冠淡蓝色，漏斗状至钟状，裂片长圆状卵形，喉部附属物梯形。小坚果卵状，背面狭卵形或长圆状披针形，常有颗粒状疣突，边缘有2行近等长的锚状刺，常直立，小坚果腹面通常具棘状突起或有小疣状突起。花果期6～9月。

分布与生境 见于敦煌及周边绿洲、阿尔金山山前沟谷等处。

马鞭草科 Verbenaceae 莸属*Caryopteris* Bunge

蒙古莸 *Caryopteris mongholica* Bunge

形态特征 落叶小灌木，高0.3～1.5m。常自基部分枝；嫩枝紫褐色，圆柱形；有毛；老枝毛渐脱落。叶片厚纸质，线状披针形或线状长圆形，全缘，很少有稀齿，长0.8～4cm，表面深绿色，稍被细毛，背面密生灰白色绒毛。聚伞花序腋生，无苞片和小苞片；花萼钟状，外面密生灰白色绒毛，深5裂，裂片阔线形至线状披针形，长约1.5mm；花冠蓝紫色，长约1cm，外面被短毛，5裂，下唇中裂片较长大，边缘流苏状，花冠管长约5mm，管内喉部有细长柔毛；雄蕊4枚，几等长，与花柱均伸出花冠管外；子房长圆形，无毛，柱头2裂。蒴果椭圆状球形，无毛，果瓣具翅。花果期8～10月。

分布与生境 常见于北山、马鬃山、阿尔金山、祁连山沟谷中。

茄科 Solanaceae 枸杞属*Lycium* L.

枸杞*Lycium chinense* Mill.

形态特征 灌木，高0.5～1m。多分枝，枝条细弱，弓状弯曲或俯垂，淡灰色，有纵条纹，小枝顶端锐尖成棘刺状。叶纸质或栽培种质稍厚，单叶互生或2～4枚簇生，卵形、卵状菱形、长椭圆形、卵状披针形，顶端急尖，基部楔形。花在长枝上单生或双生于叶腋，在短枝上则同叶簇生；花梗向顶端渐增粗；花萼通常3中裂或4～5齿裂，裂片多少有缘毛；花冠漏斗状，淡紫色，5深裂，裂片卵形，边缘有缘毛，基部耳显著；雄蕊较花冠稍短；花柱上端弓弯，柱头绿色。浆果红色，卵状，栽培种可呈长矩圆状或长椭圆状，顶端尖或钝。种子扁肾脏形，黄色。花果期6～11月。

分布与生境 见于敦煌路旁及村边及北山沟谷盐碱地。

茄科 Solanaceae　枸杞属 *Lycium* L.

黑果枸杞 *Lycium ruthenicum* Murr.

形态特征 灌木，高20～150cm。茎直立或斜升，多棘刺，多分枝，白色或灰白色，常成“之”字形曲折，具不规则纵条纹。小枝顶端渐尖成棘刺状，每节具短棘刺；短枝在幼枝上不明显，在老枝上则成瘤状。叶2～6枚簇生于短枝上，在幼枝上则单叶互生，肉质，条形、条状披针形或条状倒披针形。花1～2朵生于短枝上；花梗细瘦；花萼狭钟状，果时稍膨大成半球状，包围于果实中下部，不规则2～4浅裂，裂片膜质，边缘有稀疏缘毛；花冠漏斗状，浅紫色，5浅裂，裂片矩圆状卵形，无缘毛；雄蕊着生于花冠筒中部，花丝离基部稍上处有疏绒毛。浆果紫黑色，球状，有时顶端稍凹陷。种子肾形，褐色。花果期5～10月。

分布与生境 常见于敦煌及周边干河床和湖盆盐碱土荒地、沙地或路旁。

玄参科 Scrophulariaceae　野胡麻属 *Dodartia* L.

野胡麻 *Dodartia orientalis* L.

形态特征 多年生直立草本，高15～50cm。根粗壮，伸长，带肉质，须根少。茎单一或束生，近基部被棕黄色鳞片，具棱角，扫帚状。叶疏生，下部叶对生或近对生，上部叶互生，宽条形，全缘或有疏齿。总状花序顶生，伸长，花常3～7朵，稀疏；花梗短；花萼近革质，萼齿宽三角形；花冠紫色或深紫红色，花冠筒长筒状，上唇短而伸直，卵形，端2浅裂，下唇褶襞密被多细胞腺毛，侧裂片近圆形，中裂片舌状；雄蕊花药紫色，肾形；子房卵圆形，花柱伸直，无毛。蒴果圆球形，褐色或暗棕褐色。种子卵形，黑色。花果期5～9月。

分布与生境 见于敦煌农田田埂、渠边。

列当科 Orobanchaceae | 肉苁蓉属 *Cistanche* Hoffmanns. et Link.

肉苁蓉 *Cistanche deserticola* Ma

形态特征 又名苁蓉、大芸。多年生寄生草本，高40～160cm。茎不分枝，直径向上渐细。茎下部叶宽卵形或三角状卵形，较密，上部叶披针形或狭披针形，较稀疏，两面无毛。花序穗状；苞片卵状披针形、披针形或线状披针形，与花冠等长或稍等长，疏被柔毛；小苞片2枚，卵状披针形或披针形；花萼钟状，顶端5浅裂，裂片近圆形；花冠筒状钟形，顶端5裂，裂片近半圆形，边缘常稍外卷，淡黄白色或淡紫色，干后变棕褐色；雄蕊4枚，花药长卵形，密被长柔毛；子房椭圆形，基部有蜜腺，花柱比雄蕊稍长，无毛，柱头近球形。蒴果卵球形，2瓣开裂。种子椭圆形或近卵形，外面网状，有光泽。花期5～6月，果期6～8月。

分布与生境 见于鸣沙山、北山、阿尔金山北麓，寄生在梭梭根上。

列当科 Orobanchaceae　肉苁蓉属 *Cistanche* Hoffmanns. et Link.

沙苁蓉 *Cistanche sinensis* Beck

形态特征 多年生寄生草本，高15～70cm。茎鲜黄色，不分枝，基部稍增粗。茎下部叶紧密，卵状三角形，上部叶稀疏，卵状披针形。穗状花序顶生；苞片卵状披针形或线状披针形，被蛛丝状长柔毛；小苞片2枚，比花萼稍短，线形或狭长圆状披针形；花萼近钟状；裂片线形或长圆状披针形，常具3脉；花冠筒状钟形，淡黄色，干后常变墨蓝色，顶端5裂，裂片近圆形或半圆形，全缘；雄蕊4枚，花丝长1.4～1.6cm，花药长卵形，密被皱曲长柔毛；子房卵形，侧膜胎座2，花柱比花丝稍长，近无毛，柱头近球形。蒴果长卵状球形或长圆形，具宿存的花柱基部。种子多数，长圆状球形，干后褐色，外面网状。花期5～6月，果期6～8月。

分布与生境 见于旱峡、阿尔金山山前等荒漠区的沙质地、砾石地或丘陵坡地。主要寄生于红砂、霸王等植物上。

车前科 Plantaginaceae　车前属 *Plantago* L.

盐生车前 *Plantago maritima* L. subsp. *ciliata* Printz.

形态特征 多年生草本。直根粗长。常分枝，根茎顶端具叶鞘残基及枯叶。叶簇生呈莲座状，平卧、斜展或直立，稍肉质，干后硬革质，线形，边缘全缘；无明显的叶柄。花序1至多个；花序梗直立或弓曲上升，贴生白色短糙毛；穗状花序圆柱状，紧密或下部间断，穗轴密生短糙毛；苞片三角状卵形或披针状卵形，边缘有短缘毛，背面无毛；花萼长2.2～3mm，萼片边缘、顶端及龙骨突脊上有粗短毛，龙骨突厚，前对萼片狭椭圆形，后对萼片宽椭圆形；花冠淡黄色，冠筒约与萼片等长，外面散生短毛，裂片宽卵形至长圆状卵形，边缘疏生短缘毛；雄蕊与花柱明显外伸，花药椭圆形，干后淡黄色；胚珠3～4。蒴果圆锥状卵形。种子1～2，椭圆形或长卵形，黄褐色至黑褐色。花期6～7月，果期7～8月。

分布与生境 见于敦煌及周边戈壁、盐湖边、盐碱地、河漫滩。

车前科 Plantaginaceae　车前属 *Plantago* L.

小车前 *Plantago minuta* Pall.

形态特征 一年生或多年生小草本。叶、花序梗及花序轴密被灰白色或灰黄色长柔毛。直根细长。根茎短。叶基生呈莲座状，平卧或斜展；叶片硬纸质，线形、狭披针形或狭匙状线形，先端渐尖，边缘全缘，基部渐狭并下延，脉3条，基部扩大成鞘状。花序2至多数；花序梗直立或弓曲上升，纤细；穗状花序短圆柱状至头状，紧密；苞片宽卵形或宽三角形，干时变黑褐色；花萼长2.7～3mm，前对萼片椭圆形或宽椭圆形，后对萼片宽椭圆形；花冠白色，无毛，裂片狭卵形，花后反折；雄蕊见于冠筒内面近顶端，花药近圆形，干后黄色；胚珠2。蒴果卵球形或宽卵球形。种子2，椭圆状卵形或椭圆形，深黄色至深褐色，有光泽，腹面内凹成船形。花期6～8月，果期7～9月。

分布与生境 见于敦煌及周边戈壁滩、沙地、沟谷、河滩、沼泽地、盐碱地、田边。

菊科 Asteraceae　蒿属 *Artemisia* L.

碱蒿 *Artemisia anethifolia* Web. ex Stechm.

形态特征 一或二年生草本，高20～50cm。植株有浓烈的香气。主根单一，垂直，狭纺锤形。茎单生，直立或斜上，具纵棱，下部半木质化，分枝多而长。基生叶椭圆形或长卵形，二至三回羽状全裂，裂片再次羽状全裂，小裂片狭线形，先端钝尖；中部叶卵形、宽卵形或椭圆状卵形，一至二回羽状全裂，侧边中部裂片常再次羽状全裂，裂片或小裂片狭线形。头状花序半球形或宽卵形，下垂或斜生，基部有小苞叶，分枝上排成穗状花序式的总状花序，茎上组成疏散、开展的圆锥花序；总苞片3～4层，外层、中层总苞片椭圆形或披针形，内层总苞片卵形；雌花3～6朵；两性花18～28朵，花冠管状，花药线形。瘦果椭圆形或倒卵形，顶端偶有不对称的冠状附属物。花果期8～10月。

分布与生境 见于石包城附近的干山坡、干河谷、碱性滩地、盐渍化草原及荒地附近。

菊科 Asteraceae　蒿属*Artemisia* L.

黄花蒿*Artemisia annua* L.

形态特征 一年生草本，高100～200cm。植株有浓烈的挥发性香气。根单生，狭纺锤形。茎单生，有纵棱，多分枝。叶纸质，绿色；茎下部叶宽卵形或三角状卵形，两面具细小脱落性的白色腺点及细小凹点，三（至四）回栉齿状羽状深裂；中部叶二（至三）回栉齿状的羽状深裂。头状花序球形，有短梗，下垂或倾斜，基部有线形的小苞叶，在茎上组成开展、尖塔形的圆锥花序；总苞片3～4层，外层长卵形或狭长椭圆形，边膜质，中层、内层宽卵形或卵形；花序托凸起，半球形；花深黄色，雌花10～18朵；两性花10～30朵，结实或中央少数花不结实，花冠管状。瘦果小，椭圆状卵形，略扁。花果期8～11月。

分布与生境 见于阿尔金山砾质坡地。

菊科 Asteraceae 蒿属*Artemisia* L.

艾*Artemisia argyi* H. Levl. et Van.

形态特征 多年生草本，高80～150cm。植株有浓烈香气。主根明显，侧根多。常具横卧地下根状茎及营养枝。茎单生，褐色，基部木质化，上部草质；茎、枝均被灰色蛛丝状柔毛。叶厚纸质，上面被灰白色短柔毛，背面密被灰白色蛛丝状密绒毛；茎下部叶近圆形，中部叶卵形，上部叶、苞片叶椭圆形。头状花序椭圆形，无梗，在分枝上排成小型穗状花序或复穗状花序，在茎上再组成圆锥花序；总苞片3～4层，覆瓦状排列，外层小，草质，卵形或狭卵形，背面密被灰白色蛛丝状棉毛，中层较外层长，长卵形，背面被蛛丝状棉毛，内层质薄，背面近无毛；雌花6～10朵，花冠狭管状；两性花8～12朵，花冠管状或高脚杯状。瘦果长卵形或长圆形。花果期7～10月。

分布与生境 见于敦煌及周边山地阴坡湿润之地及农田附近。

菊科 Asteraceae 蒿属*Artemisia* L.

沙蒿 *Artemisia desertorum* Spreng.

形态特征 多年生草本，高30～70cm。主根明显，木质或半木质，侧根少数。根状茎短，半木质。茎单生，具细纵棱；上部分枝，斜贴向茎端；茎、枝幼时被柔毛。叶纸质，上面无毛，背面被薄绒毛；茎下部叶与营养枝叶长卵圆形，二回羽状全裂或深裂，裂片椭圆形，小裂片线形或长椭圆形；中部叶长卵圆形，一至二回羽状深裂，具半抱茎的假托叶；上部叶3～5深裂，基部有假托叶。头状花序多数，卵球形，在分枝上排成穗状花序式的总状花序或复总状花序，在茎上组成扫帚形圆锥花序；总苞片3～4层，外层卵形，中层长卵形，膜质，背面深绿色或带紫色，内层长卵形，半膜质，无毛；雌花4～8朵，花冠狭圆锥状；两性花5～10朵，不结实，长三角形。瘦果倒卵形或长圆形。花果期8～10月。

分布与生境 见于北山等地荒坡、砾质坡地、干河谷、河岸边。

菊科 Asteraceae　蒿属*Artemisia* L.

龙蒿*Artemisia dracunculus* L.

形态特征 又名青蒿、狭叶青蒿、蛇蒿、椒蒿。半灌木状草本，高40～150（200）cm。根粗大或略细，木质，垂直；根状茎粗，木质，直立或斜上长，直径0.5～2cm，常有短的地下茎。茎通常多数，成丛，褐色或绿色，有纵棱，下部木质，稍弯曲，分枝多，开展，斜向上；茎、枝初时微有短柔毛，后渐脱落。叶无柄，初时两面微有短柔毛，后两面无毛或近无毛，下部叶花期凋谢；中部叶线状披针形或线形，长（1.5）3～7（10）cm，宽2～3mm，先端渐尖，基部渐狭，全缘；上部叶与苞片叶略短小，线形或线状披针形，长0.5～3cm，宽1～2mm。头状花序多数，近球形、卵球形或近半球形，直径2～2.5mm，具短梗或近无梗，斜展或略下垂，基部有线形小苞叶，在茎的分枝上排成复总状花序，并在茎上组成开展或略狭窄的圆锥花序；总苞片3层，外层总苞片略狭小，卵形，背面绿色，无毛，中、内层总苞片卵圆形或长卵形，边缘宽膜质或全为膜质花序托小，凸起；雌花6～10朵，花冠狭管状或稍呈狭圆锥状，檐部具2（3）裂齿，花柱伸出花冠外，先端2叉，叉端尖；两性花8～14朵，不孕育，花冠管状，花药线形，先端附属物尖，长三角形，基部圆钝，花柱短，上端棒状，2裂，不叉开，退化子房小。瘦果倒卵形或椭圆状倒卵形。花果期7～10月。

分布与生境 见于石包城附近山坡、草原、林缘、田边、路旁。

菊科 Asteraceae　蒿属*Artemisia* L.

大花蒿 *Artemisia macrocephala* Jacq. ex Bess.

形态特征 又名草蒿、戈壁蒿。一年生草本，高10～30cm。主根单一，狭纺锤形。茎直立，单生；茎、枝疏被灰白色微柔毛。叶草质，被灰白色短柔毛；下部与中部叶宽卵形，二回羽状全裂，小裂片狭线形，基部有小型羽状分裂的假托叶；上部叶、苞片叶3全裂或不裂，狭线形，无柄。头状花序近球形，有短梗，下垂，在茎上排成疏松的总状花序，稀圆锥花序；总苞片3～4层，内、外层近等长或内层略长，外层与中层草质，椭圆形，背面被白色短柔毛，边缘宽膜质，褐色，内层椭圆形，膜质；雌花2～3层，40～70朵，花冠狭圆锥状；两性花多层，80～100朵，外围2～3层结实，中央数轮不结实，花冠管状。瘦果长卵圆形或倒卵状椭圆形。花果期8～10月。

分布与生境 见于敦煌及周边砂砾戈壁、田间或路边。

菊科 Asteraceae 蒿属 *Artemisia* L.

黑沙蒿 *Artemisia ordosica* Krasch.

形态特征 小灌木，高50～100cm。根状茎粗壮。茎多枚。老枝暗灰白色或暗灰褐色；当年生枝紫红色或黄褐色。叶黄绿色，半肉质；茎下部叶宽卵形或卵形，一至二回羽状全裂，小裂片狭线形，叶柄短，基部稍宽大；中部叶卵形或宽卵形，一回羽状全裂，裂片狭线形，上部叶5或3全裂。头状花序多数，卵形，有短梗及小苞叶，斜生或下垂，在分枝上排成总状或复总状花序，并在茎上组成开展的圆锥花序；总苞片3～4层，外、中层卵形或长卵形，背面黄绿色，无毛，边缘膜质，内层长卵形或椭圆形，半膜质；雌花10～14朵，花冠狭圆锥状，两性花5～7朵。瘦果倒卵形，果壁上具细纵纹并有胶质物。花果期7～10月。

分布与生境 见于北山、阿尔金山等地荒漠与半荒漠地区的流动与半流动沙丘或固定沙丘上。

菊科 Asteraceae 蒿属*Artemisia* L.

猪毛蒿 *Artemisia scoparia* Waldst. et Kit.

形态特征 多年生草本，或近一或二年生草本，高40～90cm。植株有浓烈香气。主根单一，垂直，狭纺锤形，半木质或木质化。根状茎粗短，直立。茎单生，红褐色，有纵纹；下部分枝，开展，上部枝多斜上展；茎、枝幼时被灰白色绢质柔毛。叶近圆形，二至三回羽状全裂；茎下部叶初时密被灰白色短柔毛，长卵形，二至三回羽状全裂，小裂片狭线形；中部叶初时被短柔毛，长圆形，一至二回羽状全裂，小裂片丝线形或为毛发状；上部叶、分枝上叶及苞片叶3～5全裂。头状花序近球形，具线形小苞叶，排成复总状花序，在茎上再组成大型圆锥花序；总苞片3～4层，外层草质，卵形，中、内层长卵形，半膜质；雌花5～7朵，花冠狭管状；两性花4～10朵，不结实，花冠管状。瘦果倒卵形或长圆形，褐色。花果期7～10月。

分布与生境 见于石包城附近林缘、路旁。

菊科 Asteraceae　蒿属*Artemisia* L.

绢毛蒿 *Artemisia sericea* Web. ex Stechm.

形态特征 多年生草本或半灌木，高40～60cm。根木质。根状茎稍粗，木质。茎少数或单生，直立或斜向上生长，褐色，具纵棱，下部初时被短柔毛，上部被灰白色短柔毛；少分枝。基生叶花期凋落；中部叶、营养枝叶椭圆形，密被淡黄色绢质短绒毛，二回羽状全裂，小裂片线形；上部叶、苞片叶一回羽状全裂或3～5全裂。头状花序半球形，有短梗，下垂或斜展，在茎上排成总状花序或圆锥花序；总苞片3～4层，外层、中层卵形或椭圆形，边缘褐色，狭膜质，内层椭圆形，膜质；雌花10～14朵，花冠狭圆锥状；两性花40～80朵，花冠管状；花药线形。瘦果长椭圆形，顶端偶有不对称的膜质冠状边缘，果壁上有明显的纵棱。花果期7～10月。

分布与生境 见于石包城附近山坡、山谷、荒地等地区。

菊科 Asteraceae 蒿属*Artemisia* L.

内蒙古旱蒿*Artemisia xerophytica* Krasch.

形态特征 小灌木，高30～40cm。主根粗大，木质，侧根多。茎丛生，木质，棕黄色，纵棱明显。上部分枝多，初时密被绒毛。叶小，半肉质，被灰黄色短绒毛；基生叶、茎下部叶二回羽状全裂，花后凋落；中部叶卵圆形，二回羽状全裂，裂片狭楔形，小裂片狭匙形；上部叶、苞片叶羽状全裂或3～5全裂，裂片狭匙形。头状花序近球形，具短梗，在分枝端排成总状花序，在茎上组成圆锥花序；总苞片3～4层，外层狭卵形，边缘膜质，中层卵形，边宽膜质，内层半膜质；花序托具白色托毛；雌花4～10朵，花冠近狭圆锥状；两性花10～20朵，花冠管状。瘦果倒卵状长圆形。花果期8～10月。

分布与生境 见于敦煌北山、马鬃山等地戈壁、半荒漠草原及半固定沙丘上。

菊科 Asteraceae　紫菀木属*Asterothamnus*

中亚紫菀木*Asterothamnus centraliasiaticus* Novopokr.

形态特征 半灌木，高20～40cm。根状茎粗壮。茎多数，簇生，下部多分枝，上部有花序枝，基部木质，外皮淡红褐色，被灰白色短绒毛，当年生枝被灰白色蜷曲的短绒。叶较密集，斜上或直立，长圆状线形或近线形，先端尖，基部渐狭，边缘反卷，两面被灰白色蜷曲密绒毛。头状花序较大，在茎枝顶端排成疏散的伞房花序，花序梗较粗壮；总苞宽倒卵形，总苞片3～4层，覆瓦状，外层较短，卵圆形或披针形，内层长圆形，顶端全部渐尖或稍钝，通常紫红色，背面被灰白色蛛丝状短毛；外围的舌状花7～10枚，淡紫色；中央的两性花11～12个，花冠管状，黄色。瘦果长圆形，稍扁，基部缩小，具小环；冠毛白色。花果期7～9月。

分布与生境 常见于敦煌及周边山地洪积扇和戈壁滩。

菊科 Asteraceae 紊蒿属*Elachanthemum* Ling et. Y. R. Ling

紊蒿*Elachanthemum intricatum* (Franch.) Ling et. Y. R. Ling

形态特征 一年生草本，高15～35cm。自基部多分枝，并形成球形枝丛。茎淡红色，被稀疏的棉毛。叶无柄，有棉毛，羽状分裂；基部叶和茎中下部的叶长1～3cm，裂片7枚，其中4裂片位于叶基部，3裂片位于叶先端，裂片线形，长2～5mm；茎上部叶5裂、3裂或线形不裂。头状花序多数，在茎枝顶端排成疏松伞房花序；总苞杯状半球形，直径5～6mm，内含60～100朵花；总苞片3～4层，内外层近等长或外层稍短，最外面有棉毛；全部小花花冠淡黄色，顶端裂片短，三角形，外卷。瘦果斜倒卵形，有15～20条细沟纹。花果期9～10月。

分布与生境 见于阿尔金山山脚及洪积扇上。

菊科 Asteraceae 松果菊属*Launaea* Cass.

河西菊*Launaea polydichotoma* (Ostenf.) H. L. Yang

形态特征 多年生草本植物，高15～40cm。自根茎发出多数茎，茎自下部起多级等二叉状分枝，形成球状，全部茎枝无毛。基生叶与下部茎叶少数，线形，革质，无柄，长0.5～4cm，基部半抱茎，顶端钝；茎中上部叶退化成小三角形鳞片状。头状花序；花序梗粗短，含4～7枚舌状小花；总苞圆柱状；总苞片2～3层，顶端急尖或钝，外面无毛，外层小，不等长，三角形，内层长椭圆形；舌状小花黄色，花冠管外面无毛。瘦果圆柱状。花期5～7月，果期7～9月。

分布与生境 见于敦煌及周边沙地、沙丘间低地、戈壁冲沟及沙地田边。

菊科 Asteraceae | 旋覆花属 *Inula* L.

蓼子朴 *Inula salsoloides* (Turcz.) Ostenf.

形态特征 亚灌木，高10～45cm。地下茎分枝长，横走，木质，有膜质鳞片状叶；地上茎直立，下部木质，基部有密集的长分枝，分枝细，常弯曲，被白色基部常疣状的长粗毛。叶披针状或长圆状线形，全缘，基部常心形或有小耳，半抱茎，稍肉质，上面无毛，下面有腺及短毛。头状花序单生于枝端；总苞倒卵形；总苞片4～5层，线状卵圆状至长圆状披针形，干膜质，基部稍革质，黄绿色，背面无毛，上部或全部有缘毛；舌状花浅黄色，椭圆状线形，顶端有3个细齿，花柱分枝细长；管状花花冠上部狭漏斗状，顶端有尖裂片；花柱分枝顶端钝，冠毛白色。瘦果有多数细沟，被细毛和疏粗毛。花期5～8月，果期7～9月。

分布与生境 见于敦煌及周边流沙地、固定沙丘、河湖沿岸及冲洪沟覆沙地。

菊科 Asteraceae　花花柴属 *Karelinia* Less.

花花柴 *Karelinia caspia* (Pall.) Less.

形态特征 多年生草本，高50～100cm。茎粗壮，直立。多分枝，中空；幼枝有沟或多角形，被密糙毛或柔毛；老枝有疣状突起。叶卵圆形、长卵圆形或长椭圆形，长1.5～6.5cm，宽0.5～2.5cm，顶端钝或圆形，基部稍狭，具小耳，抱茎，全缘，质厚，近肉质，两面被短糙毛。头状花序长13～15mm，3～7个见于枝端；总苞卵圆形或短圆柱形；总苞片约5层，外层卵圆形，内层长披针形，边缘有较长的缘毛；小花黄色或紫红色；雌花花冠丝状，花柱分枝细长；两性花花冠细管状，有卵形被短毛的裂片，花柱分枝较短，顶端尖。冠毛白色；雌花冠毛有纤细的微糙毛；雄花冠毛顶端较粗厚，有细齿。瘦果圆柱形，有4～5纵棱。花期7～9月，果期9～10月。

分布与生境 常见于敦煌及周边湿地、盐碱地、戈壁滩地、沙丘及沟谷中。

菊科 Asteraceae　百花蒿属 *Stilpnolepis* Krasch.

百花蒿 *Stilpnolepis centiflora* (Maxim.) Krasch.

形态特征 一年生草本，高40cm。具粗壮纺锤形的根。分枝，有纵条纹，被绢状柔毛。叶线形，无柄，长3.5～10cm，宽2.5～4mm，具3脉，两面被疏柔毛，顶端渐尖，基部有2～3对羽状裂片，裂片条形，平展。头状花序半球形，下垂，直径8～20mm，有长3～5cm的梗，多数头状花序排成疏松伞房花序；总苞片外层3～4枚，草质，有膜质边缘，中内层卵形或宽倒卵形，宽约5mm，全部膜质或边缘宽膜质，顶端圆形，背部有长柔毛；花托半球形，无托毛；小花极多数，全为两性，结实；花冠长4mm，黄色，上部3/4膨大呈宽杯状，直径2mm，膜质，外面被腺点，檐部5裂；花药顶端具宽披针形附片；花柱分枝顶端截形。瘦果近纺锤形，长5～6mm，有不明显的纵肋，被稠密腺点，无冠状冠毛。花果期9～10月。

分布与生境 见于崔木土山、北山、马鬃山等地沙丘中部或丘间地。

菊科 Asteraceae 亚菊属*Ajania* Poljak.

灌木亚菊 *Ajania fruticulosa* (Ledeb.) Poljak.

形态特征 小半灌木，高8～40cm。老枝麦秆黄色，花枝灰白色或灰绿色，被稠密或稀疏的短柔毛。中部茎叶圆形至宽卵形，二回掌状或掌式羽状3～5分裂，一、二回全部全裂；中上部和中下部的叶掌状3～4全裂或有时掌状5裂，或全部茎叶3裂，末回裂片线钻形，宽0.5～5mm，顶端尖或圆或钝，两面同色或几同色，灰白色或淡绿色，被等量的顺向贴伏的短柔毛。头状花序小，在枝端排成伞房花序或复伞房花序；总苞钟状；总苞片4层，外层卵形或披针形，中内层椭圆形，全部苞片边缘白色或带浅褐色膜质，顶端圆或钝，仅外层基部或外层被短柔毛，麦秆黄色；边缘雌花5个，花冠细管状，顶端3～5齿。瘦果矩圆形，长约1mm。花果期6～10月。

分布与生境 常见于敦煌及周边洪积扇与戈壁滩、冲洪沟。

菊科 Asteraceae 亚菊属*Ajania* Poljakov

蓍状亚菊 *Ajania achilloides* (Turcz.) Poljak. ex Grub.

形态特征 小半灌木，高10～20cm。根木质，垂直直伸。老枝短缩，自不定芽发出多数的花枝；花枝分枝或仅上部有伞房状花序分枝，被贴伏的顺向短柔毛，向下的毛稀疏。中部茎叶卵形或楔形，二回羽状分裂，一、二回全裂，一回侧裂片2对，末回裂片线形或线状长椭圆形；全部叶有柄，两面同色，白色或灰白色，被稠密顺向贴伏的短柔毛。头状花序小，少数在茎枝顶端排成复伞房花序；总苞钟状；总苞片4层，有光泽，麦秆黄色，外层长椭圆状披针形，中内层卵形至披针形，中外层外面被微毛，全部苞片边缘白色膜质，顶端钝或圆；边缘雌花约6个，花冠细管状，顶端4深裂尖齿；中央两性花花冠长2.2mm，全部花冠外面有腺点。花果期8～9月。

分布与生境 常见于敦煌及周边洪积扇与戈壁滩、冲洪沟、绿洲边缘。

菊科 Asteraceae　鸦葱属 *Scorzonera* L.

拐轴鸦葱 *Scorzonera divaricate* Turcz.

形态特征 多年生草本，高20～70cm。根垂直直伸。茎直立，自基部多分枝，分枝铺散或直立或斜升，茎枝灰绿色，被尘状短柔毛或脱落，纤细，茎基裸露。叶线形或丝状，先端长渐尖，常卷曲成明显或不明显钩状，向上部的茎叶短小，全部叶两面被微毛或脱落，中脉宽厚。头状花序单生茎枝顶端，形成明显或不明显的疏松的伞房状花序，具4～5枚舌状小花。总苞狭圆柱状；总苞片约4层，外层短，宽卵形或长卵形，中内层渐长，长椭圆状披针形或线状长椭圆形，顶端急尖或钝；全部苞外面被尖状短柔毛或果期变稀毛；舌状小花黄色。瘦果圆柱状，有多数纵肋，无毛，淡黄色或黄褐色；冠毛污黄色，羽毛状，羽枝蛛丝毛状，冠毛上部细锯齿状。花果期5～9月。

分布与生境 常见于敦煌及周边荒漠地带干河床、沟谷中及沙地中的丘间低地、固定沙丘上。

菊科 Asteraceae 鸦葱属*Scorzonera* L.

蒙古鸦葱*Scorzonera mongolica* Maxim.

形态特征 多年生草本，高5～35cm。根垂直直伸，圆柱状。茎多数，直立或铺散，上部有分枝，全部茎枝灰绿色，光滑，无毛；茎基部被褐色或淡黄色的鞘状残遗。基生叶长椭圆形或长椭圆状披针形或线状披针形，顶端渐尖，基部渐狭成长或短柄；茎生叶披针形、长披针形、椭圆形、长椭圆形或线状长椭圆形，顶端急尖或渐尖，基部楔形收窄，无柄；全部叶质地厚，肉质，两面光滑无毛，灰绿色，离基三出脉。头状花序单生于茎端，或茎生2枚头状花序，成聚伞花序状排列，含19枚舌状小花；总苞狭圆柱状；总苞片外面无毛或被蛛丝状柔毛；舌状小花黄色。瘦果圆柱状，淡黄色，有多数高起纵肋；冠毛白色，羽毛状，仅顶端微锯齿状。花果期4～8月。

分布与生境 常见于敦煌及周边盐化草甸、盐化沙地、盐碱地、干湖盆、湖盆边缘、草滩及河滩地。

菊科 Asteraceae 鸦葱属 *Scorzonera* L.

帚状鸦葱 *Scorzonera pseudodivaricata* Lipsch.

形态特征 又名假叉枝鸦葱。多年生草本，高7～50cm。根垂直直伸。茎自中部以上分枝，呈帚状；全部茎枝被尘状短柔毛或稀毛至无毛。叶互生或植株含有对生的叶序，线形，基生叶的基部鞘状扩大，半抱茎，茎生叶顶端渐尖或长渐尖，被白色短柔毛或脱毛。头状花序多数，单生茎枝顶端，黄色舌状小花7～12枚；总苞狭圆柱状，总苞片顶端急尖或钝，外面被白色尘状短柔毛，5层，外层卵状三角形，中内层椭圆状披针形、线状长椭圆形或宽线形。瘦果圆柱状，冠毛污白色，冠毛长，大部羽毛状，顶端锯齿状，冠毛与瘦果连接处有蛛丝状毛环。花果期5～8月。

分布与生境 常见于敦煌及周边荒漠砾石地、干山坡、石质残丘、戈壁和沙地。

菊科 Asteraceae 碱菀属 *Tripolium* Ness

碱菀 *Tripolium pannonicum* (Jacq.) Dobr.

形态特征 茎高30～50cm。单生或数个丛见于根颈上，下部常带红色，无毛，上部有开展的分枝。基部叶在花期枯萎，下部叶条状或矩圆状披针形，长5～10cm，宽0.5～1.2cm，顶端尖，全缘或有具小尖头的疏锯齿；中部叶渐狭，无柄；上部叶渐小，苞叶状；全部叶无毛，肉质。头状花序排成伞房状，有长花序梗。总苞近管状，花后钟状；总苞片2～3层，疏覆瓦状排列，绿色，边缘常红色，干后膜质，无毛，外层披针形或卵圆形，顶端钝，内层狭矩圆形；舌状花1层，管部长3.5～4mm；舌片长10～12mm；管状花长8～9mm，管部长4～5mm。瘦果扁，有边肋，两面各有1脉，被疏毛；冠毛长达14～16mm，有多层极细的微糙毛。花果期8～12月。

分布与生境 见于敦煌及周边湖泊、河床及盐碱地。

菊科 Asteraceae　蓟属 *Cirsium* Mill.

丝路蓟 *Cirsium arvense* (L.) Scop.

形态特征 多年生草本，高50～160cm。根直伸。茎直立，上部分枝，接头状花序下部有稀疏蛛丝毛。下部茎叶椭圆形或椭圆状披针形，长7～17cm，宽1.5～4.5cm，羽状浅裂或半裂，基部渐狭，多少有短叶柄，或沿茎稍下延，但决不形成明显的茎翼，侧裂片偏斜三角形或偏斜半椭圆形，边缘通常有2～3个刺齿，齿顶有针刺，针刺长达5mm，齿缘针刺较短；中部及上部茎叶渐小，与下部茎叶同形或长椭圆形并等样分裂，无柄至基部扩大半抱茎；全部叶两面同色，绿色或下面色淡，两面无毛或有时下面有极稀疏的蛛丝毛。头状花序较多数在茎枝顶端排成圆锥状伞房花序；总苞卵形或卵状长圆形，直径1.5～2cm，有极稀疏的蛛丝毛，但通常无毛；总苞片约5层，覆瓦状排列，向内层渐长，外层及中层卵形，宽2～2.5mm，包括顶端针刺长5～7mm，内层及最内层椭圆状披针形、长披针形至宽线形，长0.9～1.4cm，宽1～1.5mm，外层顶端有反折或开展的短针刺，针刺长近1mm，中内层顶端膜质渐尖或急尖，不形成明显的针刺；小花紫红色，雌性小花花冠长1.7cm，细管部为细丝状，长1.3cm，檐部长4mm，两性小花花冠长1.8cm，细管部为细丝状，长1.2cm，檐部长6mm，全部小花檐部5裂几达基部。瘦果淡黄色，几圆柱形，顶端截形，但稍见偏斜；冠毛污白色，多层，基部连合成环，整体脱落；冠毛刚毛长羽毛状，长达2.8cm。花果期6～9月。

分布与生境 见于敦煌及周边河旁、荒地、田间。

菊科 Asteraceae 蓟属*Cirsium* Mill.

刺儿菜*Cirsium arvense* var. *integrifolium* (Wimm. Et Grab.) L. Q. Zhao et Y. Z. Zhao

形态特征 多年生草本，高30～80cm。茎直立。基生叶和中部茎叶椭圆形、长椭圆形或椭圆状倒披针形，顶端钝或圆形，基部楔形，常无叶柄，上部茎叶渐小，椭圆形或披针形或线状披针形，叶缘有细密的针刺，针刺紧贴叶缘，或叶缘有刺齿，或大部茎叶羽状浅裂或半裂或边缘粗大圆锯齿，裂片或锯齿斜三角形，顶端钝，齿顶及裂片顶端的针刺较长，齿缘及裂片边缘的针刺较短且贴伏，全部茎叶两面同色，绿色或下面色淡，两面无毛。头状花序单生茎端，或头状花序在茎枝顶端排成伞房花序；总苞卵形、长卵形或卵圆形；总苞片6层，覆瓦状排列，向内层渐长，内层及最内层长椭圆形至线形，中外层苞片顶端有短针刺，内层及最内层渐尖，膜质，短针刺；小花紫红色或白色，雌花花冠长2.4cm，细管部细丝状，两性花花冠长1.8cm。瘦果淡黄色，椭圆形或偏斜椭圆形，压扁，顶端斜截形；冠毛污白色，多层，整体脱落；冠毛刚毛长羽毛状，顶端渐细。花果期5～9月。

分布与生境 见于敦煌及周边山坡、河旁或荒地、田间。

菊科 Asteraceae　顶羽菊属*Acroptilon* Cass.

顶羽菊 *Acroptilon repens* (L.) DC.

形态特征 多年生草本，高25～70cm。根直伸。茎单生，直立，自基部分枝，茎枝被蛛丝毛。全部茎叶质地稍坚硬，长椭圆形或匙形或线形，顶端钝或圆形或急尖，边缘全缘，或叶羽状半裂，侧裂片三角形，两面灰绿色，被稀疏蛛丝毛。头状花序多数，在茎枝顶端排成伞房花序或伞房圆锥花序；总苞卵形或椭圆状卵形；总苞片8层，覆瓦状排列，向内层渐长，外层与中层卵形或宽倒卵形，上部有附属物，圆钝，内层披针形或线状披针形，顶端附属物小，全部苞片附属物白色，透明，被长直毛；小花两性，管状，花冠粉红色或淡紫色。瘦果倒长卵形，淡白色，顶端圆形，无果缘，基底着生面稍见偏斜；冠毛白色，多层，不脱落或分散脱落，短羽毛状。花果期5～9月。

分布与生境 见于敦煌绿洲农田、荒地及北山、阿尔金山山坡。

菊科 Asteraceae　小甘菊属 *Cancrinia* Kar. et Kir.

小甘菊 *Cancrinia discoidea* (Ledeb.) Poljak. ex Tzvel.

形态特征 二年生草本，高5～20cm。主根细。茎自基部分枝，直立或斜升，被白色棉毛。叶灰绿色，被白色棉毛至几无毛，叶片长圆形或卵形，长2～4cm，二回羽状深裂，裂片2～5对，少有全部或部分全缘，末次裂片卵形至宽线形，顶端钝或短渐尖；叶柄长，基部扩大。头状花序单生，直立；总苞直径7～12mm，被疏棉毛至几无毛；总苞片3～4层，草质，外层少数，线状披针形，顶端尖，几无膜质边缘，内层较长，线状长圆形，边缘宽膜质；花托明显凸起，锥状球形；花黄色，花冠长约1.8mm。瘦果无毛，具5条纵肋；冠毛冠状，膜质，5裂。花果期4～9月。

分布与生境 见于马鬃山和北山山坡、荒地和戈壁。

菊科 Asteraceae | 短舌菊属 *Brachanthemum* DC.

星毛短舌菊 *Brachanthemum pulvinatum* (Hand.-Mazz.) C. Shih

形态特征 小半灌木，高15～45cm。根粗壮，直伸，木质化，自根头顶端发出多数的木质化的枝条。老枝灰色，皮剥落；幼枝浅褐色；被稠密贴伏的尖状星状花。叶楔形、椭圆形或半圆形，灰绿色，被贴伏的尖状星状毛，3～5掌状、掌式羽状或羽状分裂；裂片线形，顶端钝或圆形；花序下部叶3裂。头状花序单生或枝生3～8枚排成不规则疏散伞房花序，花梗长2.5～7cm；总苞半球形或倒圆锥形；总苞片4层，外层卵形或宽卵形，中层椭圆形，内层倒披针形，中外层外面被稠密贴伏的尖状星状毛，内层几无毛；全部苞片边缘褐色膜质，顶端钝圆；舌状花黄色，7～14个，舌片椭圆形，顶端2微尖齿。瘦果长2mm。花果期7～9月。

分布与生境 偶见于阿尔金山北麓、北山等地山坡或戈壁滩。

菊科 Asteraceae　蓝刺头属 *Echinops* L.

砂蓝刺头 *Echinops gmelinii* Turcz.

形态特征 一年生草本，高20～50cm。茎单生，茎枝淡黄色，疏被腺毛。下部茎生叶线形或线状披针形，边缘具刺齿或三角形刺齿裂或刺状缘毛；中上部茎生叶与下部茎生叶同形；叶纸质，两面绿色，疏被蛛丝状毛及腺点。复头状花序单生茎顶或枝端，基毛白色，细毛状，边缘糙毛状；总苞片16～20，外层线状倒披针形，爪基部有蛛丝状长毛，中层倒披针形，背面上部被糙毛，背面下部被长蛛丝状毛，内层长椭圆形，背部被长蛛丝状毛；小花蓝色或白色。瘦果倒圆锥形，密被淡黄棕色长直毛，遮盖冠毛。花果期6～9月。

分布与生境 见于敦煌周边固定沙地、半固定沙地或戈壁、山坡、草地、荒地。

菊科 Asteraceae 莴苣属*Lactuca* L.

乳苣 *Lactuca tatarica* (L.) C. A. Mey.

形态特征 多年生草本，高15～60cm。根垂直直伸。茎直立，有细条棱，上部有圆锥状花序分枝，全部茎枝光滑无毛。中下部茎生叶长椭圆形或线形，基部渐狭成短柄，羽状浅裂或半裂，顶端钝或急尖，侧裂片2～5对，半椭圆形或偏斜的三角形，边缘全缘或多锯齿；向上的叶与中部茎生叶同形或宽线形，但渐小；全部叶光滑无毛。头状花序，小花20枚，在茎枝顶端排成狭或宽圆锥花序；总苞圆柱状或楔形；总苞片4层，中外层较小，卵形至披针状椭圆形，内层披针形或披针状椭圆形，全部苞片外面光滑无毛，紫红色；舌状小花紫色或紫蓝色。瘦果长圆状披针形，稍压扁，灰黑色，每面有5～7条高起的纵肋，中肋稍粗厚，顶端渐尖成喙；冠毛2层，纤细，白色，微锯齿状，分散脱落。花果期6～9月。

分布与生境 见于敦煌及周边河滩、湖边、草甸、田边、固定沙丘或砾石地。

菊科 Asteraceae 风毛菊属*Saussurea* DC.

美丽风毛菊*Saussurea petrovii* Lipsch.

形态特征 多年生草本，高5～20cm。根木质，纤维状撕裂。根状茎有分枝，被稠密残存的叶。茎直立，不分枝或上部伞房花序状分枝，被稀疏的白色短柔毛。基生叶及下部与中部茎生叶线形、线状长圆形或长圆形，长2～10cm，宽2～4mm无柄，边缘有稀疏的小锯齿；上部茎生叶及最上部茎叶小，线形，边缘全缘，全部叶两面异色，上面绿色，无毛，下面灰白色，被稠密的白色绒毛。头状花序少数，在茎顶排列成伞房花序；总苞圆柱状；总苞片4～5层，外层卵形，中层长圆形，内层长椭圆形，全部总苞片外面被稀疏的白色蛛丝状短柔毛；小花粉红色。瘦果圆柱状，褐色，无毛；冠毛2层，白色，外层短，糙毛状，内层长，羽毛状。花果期6～9月。

分布与生境 见于阿尔金山北麓山坡。

菊科 Asteraceae

风毛菊属 *Saussurea* DC.

翼茎风毛菊 *Saussurea alata* DC.

形态特征 多年生草本，高20～50cm。茎直立，有翼，边缘有锯齿或全缘，上部伞房花序状或伞房圆锥花序状分枝。基生叶有柄，叶片长椭圆形，大头羽状或羽状浅裂、半裂、深裂或至全裂，侧裂片三角形、披针形或椭圆形，边缘深波状锯齿或全缘；中部和下部茎生叶与基生叶同形并等样分裂；上部茎生叶长椭圆形或线状披针形，边缘全缘，无柄；全部叶两面同色，绿色，被短糙毛及淡黄色的小腺点，有糙毛。头状花序多数，在茎枝顶端排列成伞房花序或伞房圆锥花序，有小花梗；总苞长圆状或卵状；总苞片5层，外层长椭圆形或卵状披针形，中层披针形，内层线状披针形；小花紫红色。瘦果倒圆锥状；冠毛2层，污黄色，外层短，糙毛状，内层长，羽毛状。花果期8～9月。

分布与生境 见于敦煌绿洲内农田、潮湿地。

菊科 Asteraceae 风毛菊属*Saussurea* DC.

盐地风毛菊 *Saussurea salsa* (Pall.) Spreng.

形态特征 多年生草本，高15～50cm。根状茎粗。茎单生或数个，上部或自中部以上伞房花序状分枝。基生叶与下部茎生叶长圆形，大头羽状深裂或浅裂，顶裂片三角形或箭头形，侧裂2对，椭圆形或三角形；中下部茎生叶长圆形、长圆状线形或披针形，无柄，边缘全缘或有稀疏的锯齿；上部茎生叶披针形，无柄，全缘；全部叶绿色，肉质，上面被稀疏白色短糙毛，下面具白色透明腺点。头状花序多数，在茎枝顶端排成伞房花序，有花序梗，被稀疏蛛丝状棉毛；总苞狭圆柱状；总苞5～7层，外层卵形，中层披针形，内层长披针形，全部总苞片外面被蛛丝状棉毛；小花粉紫色。瘦果长圆形，红褐色，无毛；冠毛白色，2层，外层短，糙毛状，内层长，羽毛状。花果期7～9月。

分布与生境 见于西湖、苏干湖等地盐土草地、戈壁滩、湖边及河床。

菊科 Asteraceae　苦荬菜属 *Sonchus* L.

苦荬菜 *Ixeris polycephala* Cass. ex DC.

形态特征 一年生草本，高10～80cm。根垂直直伸，生多数须根。茎直立，上部伞房花序状分枝，分枝弯曲斜升，全部茎枝无毛。基生叶线形或线状披针形，顶端急尖，基部渐狭成长或短柄；中下部茎生叶披针形或线形，基部箭头状半抱茎，全部叶两面无毛，边缘全缘。头状花序多数，在茎枝顶端排成伞房状花序；总苞圆柱状，果期扩大成卵球形；总苞片3层，外层及最外层极小，卵形，内层卵状披针形，外面近顶端有鸡冠状突起或无鸡冠状突起。舌状小花黄色，10～25枚。瘦果压扁，褐色，长椭圆形，有10条高起的尖翅肋。冠毛白色，纤细，微糙。花果期3～6月。

分布与生境 见于敦煌绿洲灌丛、草地、田野与路旁。

菊科 Asteraceae 蒲公英属 *Taraxacum* F. H. Wigg.

蒲公英 *Taraxacum mongolicum* Hand.-Mazz.

形态特征 多年生草本。含白色乳汁。根圆柱状，黑褐色，粗壮。叶倒卵状披针形、倒披针形或长圆状披针形，边缘具波状齿，或羽状深裂，有时倒向羽状深裂或大头羽状深裂，每侧侧裂片3～5片，三角形或三角状披针形，全缘或具齿，平展或倒向，裂片间常夹生小齿。花莛1至数个，高10～25cm，上部紫红色；头状花序；总苞钟状，淡绿色；总苞片2～3层，外层总苞片卵状披针形或披针形，边缘宽膜质，基部淡绿色，上部紫红色，具角状突起，内层总苞片线状披针形，先端紫红色，具小角状突起；舌状花黄色，边缘花舌片背面具紫红色条纹；花药和柱头暗绿色。瘦果倒卵状披针形，暗褐色，纤细；冠毛白色。花期4～9月，果期5～10月。

分布与生境 广泛分布于敦煌及周边山坡草地、路边、田野、河滩。

菊科 Asteraceae 假还阳参属*Crepidiastrum* Nakai

细叶假还阳参 *Crepidiastrum tenuifolium* (Wild.) Sennikov

形态特征 多年生草本，高10～70cm。根木质，垂直直伸。茎直立，单生或少数茎成簇生，全部茎枝无毛。基生叶多数或极多数，羽状全裂或深裂，侧裂片6～12对，长椭圆形、披针形、线形或线状披针形；中上部茎生叶向上渐小，与基生叶同形并等样分裂或线形不裂。头状花序直立、下倾或下垂，有9～15枚舌状小花，多数或少数在茎枝顶端排成伞房花序或伞房圆锥花序。总苞圆柱状；总苞片4层，黑绿色，外层及最外层短小，长卵圆形，内层及最内层长，披针形，全部总苞片外面被白色稀疏长且弯曲的绢毛；舌状小花黄色，花冠管外面有微柔毛。瘦果黑色或黑褐色，纺锤形，有10～12条不等粗纵肋，肋上有小刺毛；冠毛白色，微粗糙。花果期7～9月。

分布与生境 见于敦煌及周边山坡、高山与河滩草甸、水边及沟底砾石地。

菊科 Asteraceae　苍耳属 *Xanthium* L.

苍耳 *Xanthium strumarium* L.

形态特征 一年生草本，高20～90cm。根纺锤状，分枝或不分枝。茎直立或少有分枝，下部圆柱形，上部有纵沟，被灰白色糙伏毛。叶三角状卵形或心形，近全缘或3～5浅裂，顶端尖或钝，边缘有不规则的粗锯齿，有三基出脉，侧脉弧形，直达叶缘，脉上密被糙伏毛，上面绿色，下面苍白色，被糙伏毛。雄性的头状花序球形，总苞片长圆状披针形，被短柔毛，有多数的雄花，花冠钟形，花药长圆状线形；雌性的头状花序椭圆形，外层总苞片小，披针形，被短柔毛，内层总苞片结合成囊状，宽卵形或椭圆形，绿色，在瘦果成熟时变坚硬，外面有疏生的具钩状的刺；喙坚硬，锥形，上端略呈镰刀状。瘦果2，倒卵形。花期7～8月，果期9～10月。

分布与生境 见于敦煌及周边路边、田边。

菊科 Asteraceae | 苦苣菜属 *Sonchus* L.

苦苣菜 *Sonchus oleraceus* L.

形态特征 一或二年生草本，高40～150cm。根圆锥状，垂直直伸。茎直立，中空，具白乳汁，上部分枝有纵条棱或条纹。基生叶羽状深裂，长椭圆形或倒披针形，基部渐狭成长或短翼柄；中下部茎叶羽状深裂或大头状羽状深裂，椭圆形或倒披针形；下部茎叶分裂或不分裂，披针形，基部半抱茎；全部叶或裂片边缘及抱茎小耳边缘有大小不等的锯齿，两面光滑，质地薄。头状花序少数，在茎枝顶端排成伞房花序或总状花序或单生茎枝顶端；总苞宽钟状；总苞片3～4层，外层长披针形或长三角形，中内层长披针形至线状披针形，外面被腺毛和微毛；舌状小花多数，黄色。瘦果褐色，长椭圆形或长椭圆状倒披针形，扁，每面具3细脉，肋间有横皱纹；冠毛白色。花果期5～8月。

分布与生境 偶见于敦煌及周边田间或近水处。

眼子菜科 Potamogetonaceae　水麦冬属 *Triglochin* L.

海韭菜 *Triglochin maritima* L.

形态特征 多年生草本，高10～25cm，植株稍粗壮。根茎短，着生多数须根，常有棕色叶鞘残留物。叶全部基生，条形，长7～30cm，宽1～2mm，基部具鞘，鞘缘膜质，顶端与叶舌相连。花莛直立，较粗壮，圆柱形，光滑，中上部着生多数排列较紧密的花，呈顶生总状花序，无苞片，花梗长约1mm，开花后长可达2～4mm；花两性；花被片6枚，绿色，2轮排列，外轮呈宽卵形，内轮较狭；雄蕊6枚，分离，无花丝；雌蕊淡绿色，由6枚合生心皮组成，柱头毛笔状。蒴果六棱状椭圆形或卵形，长3～5mm，径约2mm，成熟后呈6瓣开裂。花果期6～10月。

分布与生境 见于敦煌三道泉、西湖等地湖泊或河床盐碱湿滩上。

禾本科 Gramineae　芨芨草属 *Achnatherum* P. Beauv.

芨芨草 *Achnatherum splendens* (Trin.) Nevski

形态特征 多年生草本，高50～250cm。须根粗壮坚韧，外被砂套的须根。秆直立，坚硬，内具白色的髓，丛生，具2～3节，基部宿存枯萎的黄褐色叶鞘。叶鞘无毛，边缘膜质；叶舌三角形或尖披针形，长5～15mm；叶片纵卷，长30～60cm，上面脉纹凸起。圆锥花序长30～60cm，开花时呈金字塔形开展，分枝细弱，2～6枚簇生，平展或斜向上升；小穗灰绿色或带紫色，长4.5～7mm；颖披针形，膜质，第一颖长4～5mm，具1脉，第二颖长6～7mm，具3脉；外稃长4～5mm，厚纸质，背部密生柔毛，具5脉，具柔毛，其长5～12mm，易断落；内稃长3～4mm，具2脉而无脊，脉间具柔毛；花药长2.5～3.5mm。花果期6～9月。

分布与生境 见于敦煌绿洲、党河河谷、阿尔金山与祁连山山前微碱性的草滩及沙土山坡上。

禾本科 Gramineae　獐毛属*Aeluropus* Trin.

小獐毛 Aeluropus pungens (M. Bieb.) C. Koch

形态特征 多年生，高5～25cm，具向四周伸展的匐枝。秆直立或倾斜，花序以下粗糙或被毛，节上通常无毛或可被柔毛，基部密生鳞片状叶，且自基部多分枝。叶鞘多聚于秆基，无毛，长于或短于节间，鞘内有时具分枝；叶舌很短，其上具1圈纤毛；叶片狭线形，尖硬，长0.5～6cm，宽约1.5mm，扁平或内卷如针状，无毛。圆锥花序穗状，长2～7cm，宽3～5mm，分枝单生，彼此疏离而不重叠；小穗长2～4mm，含（2）4～8小花，在穗轴上明显排成整齐的2行；颖卵形，具膜质边缘，并疏生少量纤毛，脊上粗糙，第一颖长1～2mm，第二颖长1.5～2.5mm；外稃卵形，具5～9脉，顶端尖，边缘膜质而具纤毛，尤以基部两侧的毛较长而密，第一外稃长1.5～3mm；内稃等长于外稃，先端截平或具缺刻，脊上具微纤毛；花药长约1.5mm；子房先端无毛，花柱2，顶生。花果期5～8月。

分布与生境 见于敦煌东湖盐碱地上。

禾本科 Gramineae　针禾属 *Stipagrostis* Nees

冰草 *Agropyron cristatum* (L.) Gaertn.

形态特征 多年生草本，高20～75cm。秆成疏丛，上部紧接花序部分被短柔毛或无毛，有时分蘖横走或下伸成长达10cm的根茎。叶片长5～20cm，宽2～5mm，质较硬，常内卷，上面叶脉强烈隆起成纵沟。穗状花序较粗壮，矩圆形或两端微窄，长2～6cm，宽8～15mm；小穗紧密平行排列成2行，呈整齐的蓖齿状，含（3）5～7小花，长6～9（12）mm；颖舟形，脊上连同背部脉间被长柔毛，第一颖长2～3mm，第二颖长3～4mm，具略短于颖体的芒；外稃被有稠密的长柔毛或显著地被稀疏柔毛，顶端具短芒长2～4mm；内稃脊上具短小刺毛。花果期7～9月。

分布与生境 见于党河河谷及下游草地、山坡以及沙地。

禾本科 Gramineae 三芒草属*Aristida* L.

三芒草*Aristida adscensionis* L.

形态特征 一年生草本，高15～45cm。须根坚韧，有时具砂套。秆丛生，具分枝，光滑，直立或基部膝曲。叶鞘短于节间，光滑无毛，叶舌短，膜质，具长约0.5mm的纤毛；叶片纵卷，长3～20cm。圆锥花序狭窄或疏松，长4～20cm；分枝细弱，多贴生或斜向上升；小穗灰绿色或紫色；颖膜质，具1脉，披针形，第一颖长4～6mm，第二颖长5～7mm；外稃长7～10mm，具3脉，中脉粗糙，背部平滑或稀粗糙，被柔毛，内稃长1.5～2.5mm，披针形；芒粗糙，主芒长1～2cm，侧芒稍短；基盘尖，长约0.7mm；鳞被2，长约1.8mm；花药长1.8～2mm。花果期6～10月。

分布与生境 见于北山、马鬃山、祁连山、阿尔金山等地干山坡、洪积扇、河滩沙地及石隙内。

禾本科 Gramineae　拂子茅属 *Calamagrostis* Adans.

拂子茅 *Calamagrostis epigeios* (L.) Roth

形态特征 多年生草本，高45～100cm。具根状茎。秆直立，平滑无毛。叶鞘平滑或稍粗糙，短于或基部者长于节间；叶舌膜质，长圆形，先端易破裂；叶片长15～27cm，扁平或边缘内卷，上面及边缘粗糙，下面较平滑。圆锥花序紧密，圆筒形，劲直、具间断，长10～25cm，中部径1.5～4cm，分枝粗糙，直立或斜向上升；小穗长5～7mm，淡绿色或带淡紫色；两颖近等长或第二颖微短，先端渐尖，具1脉，第二颖具3脉，主脉粗糙；外稃透明膜质，长约为颖的一半，顶端具2齿，基盘的柔毛几与颖等长，芒自稃体背中部附近伸出，细直，长2～3mm；内稃长约为外稃的2/3，顶端细齿裂；小穗轴不延伸于内稃之后，或有时仅于内稃之基部残留一微小的痕迹；雄蕊3，花药黄色。花果期5～9月。

分布与生境 见于党河下游、阳关湿地等潮湿地及河岸沟渠旁。

禾本科 Gramineae　拂子茅属 *Calamagrostis* Adans.

假苇拂子茅 *Calamagrostis pseudophragmites* (A.Hall.) Koeler.

形态特征 多年生草本，高40～100cm。具横走的根状茎。秆径1.5～4mm。叶鞘平滑无毛，或稍粗糙，短于节间，有时在下部者长于节间；叶舌膜质，长4～9mm，长圆形，顶端钝而易破碎；叶片长10～30cm，宽1.5～7mm，上面及边缘粗糙，下面平滑。圆锥花序长圆状披针形，疏松开展，长10～35cm，宽2～5cm；小穗长5～7mm，草黄色或紫色；颖线状披针形，第二颖较第一颖短，具1脉或第二颖具3脉，主脉粗糙；外稃透明膜质，长3～4mm，具3脉，顶端全缘，基盘的柔毛等长或稍短于小穗；内稃长为外稃的1/3～2/3；雄蕊3，花药长1～2mm。花果期7～9月。

分布与生境 见于马鬃山、阳关、西湖等山坡草地或河岸阴湿之处。

禾本科 Gramineae　披碱草属 *Elymus* L.

披碱草 *Elymus dahuricus* Turcz.

形态特征 多年生草本，高70～140cm。秆疏丛，直立，基部膝曲。叶鞘光滑无毛；叶片扁平，稀可内卷，上面粗糙，下面光滑，偶粉绿色。穗状花序直立，较紧密，长14～18cm，宽5～10cm；穗轴边缘具小纤毛，中部各节具2小穗而接近顶端和基部各节只具1小穗；小穗绿色，成熟后变为草黄色，长10～15mm，含3～5小花；颖披针形或线状披针形，长8～10mm，先端短芒长达5mm，有3～5明显而粗糙的脉；外稃披针形，上部具5条明显的脉，全部密生短小糙毛，第一外稃长9mm，先端延伸成芒，芒粗糙，长10～20mm，成熟后向外展开；内稃与外稃等长，先端截平，脊上具纤毛，至基部渐不明显，脊间被稀少短毛。花果期7～9月。

分布与生境 见于敦煌绿洲周边。

禾本科 Gramineae　画眉草属 *Eragrostis* Wolf

小画眉草 *Eragrostis minor* Host

形态特征 一年生草本，高15～50mm。秆纤细，丛生，膝曲上升，具3～4节，节下具有1圈腺体。叶鞘较节间短，松裹茎，叶鞘脉上有腺体，鞘口有长毛；叶舌为1圈长柔毛；叶片线形，平展或卷缩，下面光滑，上面粗糙并疏生柔毛，主脉及边缘都有腺体。圆锥花序开展而疏松，每节一分枝，分枝平展或上举，腋间无毛，花序轴、小枝以及柄上都有腺体；小穗长圆形，含3～16小花，绿色；颖锐尖，具1脉，脉上有腺点，第一颖长1.6mm，第二颖长约1.8mm；第一外稃长约2mm，广卵形，先端圆钝，具3脉，侧脉明显并靠近边缘，主脉上有腺体；内稃长约1.6mm，弯曲，脊上有纤毛，宿存；雄蕊3枚。颖果红褐色，近球形。花果期6～9月。

分布与生境 见于敦煌绿洲、阳关等荒芜田野、草地和路旁。

禾本科Gramineae　画眉草属*Eragrostis* Wolf

画眉草*Eragrostis pilosa* (L.) P. Beauv.

形态特征 一年生草本，高15～60cm。秆丛生，直立或基部膝曲。叶鞘松裹茎，扁压，鞘缘近膜质，鞘口有长柔毛；叶舌为1圈纤毛，长约0.5mm；叶片线形扁平或卷缩，长6～20cm，宽2～3mm。圆锥花序开展或紧缩，长10～25cm，分枝单生、簇生或轮生，腋间有长柔毛；小穗长3～10mm，宽1～1.5mm，含4～14小花；颖为膜质，披针形，先端渐尖，第一颖长约1mm，无脉，第二颖长约1.5mm，具1脉；第一外稃长约1.8mm，广卵形，具3脉；内稃长约1.5mm，稍作弓形弯曲，脊上有纤毛，迟落或宿存；雄蕊3枚，花药长约0.3mm。颖果长圆形，长约0.8mm。花果期8～11月。

分布与生境 见于党河下游、阳关等地荒芜草地上。

禾本科 Gramineae　赖草属 *Leymus* Hochst.

赖草 *Leymus secalinus* (Georgi) Tzvel.

形态特征 多年生草本，高40～100cm。具下伸和横走的根茎。秆单生或丛生，直立，具3～5节，光滑无毛或在花序下密被柔毛。叶鞘光滑无毛，或在幼嫩时边缘具纤毛；叶舌膜质，截平；叶片长8～30cm，扁平或内卷，上面及边缘粗糙或具短柔毛，下面平滑或微粗糙。穗状花序直立，长10～15cm，灰绿色；穗轴被短柔毛，节与边缘被长柔毛；小穗通常2～3；颖短于小穗，线状披针形，先端狭窄如芒，不覆盖第一外稃的基部，具不明显的3脉，上半部粗糙，边缘具纤毛，第一颖短于第二颖，长8～15mm；外稃披针形，边缘膜质，先端渐尖或具长1～3mm的芒，背具5脉，被短柔毛或上半部无毛，内稃先端常微2裂，脊的上半部具纤毛。花果期6～10月。

分布与生境 生境范围较广，常见于敦煌及周边沙地、绿洲及山地草原带。

禾本科 Gramineae　赖草属 *Leymus* Hochst.

毛穗赖草 *Leymus paboanus* (Claus) Pilger

形态特征 多年生草本，高45～90cm。具下伸的根茎。秆单生或少数丛生，基部残留枯黄色的纤维状叶鞘，具3～4节，光滑无毛。叶鞘光滑无毛；叶舌长约0.5mm；叶片长10～30cm，宽3～7cm，扁平或内卷，上面稍粗糙，下面光滑。穗状花序直立，穗轴较细弱，上部密被柔毛，向下渐平滑，边缘具睫毛，节间长3～6mm，基部者长达12mm；小穗2～3枚生于1节，含3～5小花；小穗轴节间密被柔毛；颖近锥形，长6～12mm，与小穗等长或稍长，微被细小刺毛，不覆盖第一外稃的基部，外稃披针形，先端渐尖或具短芒，背部密被白色柔毛，脉不显著，腹面可见3～5脉，第一外稃长6～10mm；内稃与外稃近等长，脊的上半部具睫毛。花果期6～7月。

分布与生境 见于党河下游、榆林河平坦湿地、河边。

禾本科 Gramineae 芦苇属*Phragmites* Adans.

芦苇*Phragmites australis* (Cav.) Trin. ex Steud.

形态特征 多年生长草本，高1～3m。根状茎十分发达。秆直径1～4cm，节下被蜡粉。叶鞘下部者短于而上部者，长于其节间；叶舌有毛，易脱落；叶片披针状线形，长30cm，宽2cm，顶端长渐尖成丝形。圆锥花序大型，长20～40cm，宽约10cm，分枝多数，着生稠密下垂的小穗；小穗长约12mm，含4花；颖具3脉，第一颖长4mm，第二颖长约7mm；第一不孕外稃雄性，长约12mm，第二外稃长11mm，具3脉，顶端长渐尖，两侧密生等长于外稃的丝状柔毛，成熟后易自关节上脱落；内稃长约3mm，两脊粗糙；雄蕊3，花药黄色。颖果长约1.5mm。

分布与生境 常见于敦煌及周边河湖、低洼水塘、沟谷沿岸和低湿地。

禾本科 Gramineae　针茅属 *Stipa* L.

紫花针茅 *Stipa purpurea* Griseb.

形态特征 多年生草本，高20～45cm。须根较细而坚韧。秆细瘦，具1～2节，基部宿存枯叶鞘。叶鞘平滑无毛，长于节间；基生叶舌端钝，秆生叶舌披针形，两侧下延与叶鞘边缘结合，均具有极短缘毛；叶片纵卷如针状，下面微粗糙，基生叶长为秆高的1/2。圆锥花序较简单，基部常包藏于叶鞘内，分枝单生或孪生；小穗呈紫色；颖披针形，先端长渐尖，长1.3～1.8cm，具3脉；外稃长约1cm，背部遍生细毛，顶端与芒相接处具关节，基盘尖锐，长约2mm，密毛柔毛，芒两回膝曲扭转，第一芒柱长1.5～1.8cm，遍生长约3mm的柔毛；内稃背面亦具短毛。颖果长约6mm。花果期7～10月。

分布与生境 见于祁连山、阿尔金山山坡草地、山前洪积扇或河谷阶地上。

禾本科 Gramineae 针茅属 *Stipa* L.

沙生针茅 *Stipa caucasica* subsp. *glareosa* (P. A. Smirn.) Tzvelev

形态特征 多年生草本，高15～25cm。须根粗韧，外具砂套。秆粗糙，具1～2节，基部宿存枯死叶鞘。叶鞘具密毛；基生叶与秆生叶舌短而钝圆，长约1mm，边缘具长1～2mm的纤毛；叶片纵卷如针，下面粗糙或具细微的柔毛，基生叶长为秆高的2/3。圆锥花序常包藏于顶生叶鞘内，长约10cm，分枝简短，仅具1小穗；颖尖披针形，先端细丝状，基部具3～5脉，长2～3.5cm；外稃长7～9mm，背部的毛呈条状，顶端关节处生1圈短毛，基盘尖锐，密被柔毛，芒一回膝曲扭转，芒柱长1.5cm，具长约2mm的柔毛，芒针长3cm，具长约4mm的柔毛；内稃与外稃近等长，具1脉，背部稀具短柔毛。花果期5～10月。

分布与生境 见于敦煌北山、马鬃山、祁连山等地石质山坡、丘间洼地、戈壁沙滩及河滩砾石地上。

禾本科 Gramineae　针茅属 *Stipa* L.

戈壁针茅 *Stipa tianschanica* var. *gobica* (Roshev.) P. C. Kuo & Y. H. Sun

形态特征 多年生草本，高17～23cm。秆具2～3节，无毛或在节的下部具柔毛，基部宿存枯叶鞘。叶鞘无毛，短于节间；基生与秆生叶舌长约1mm，边缘被短柔毛；叶片纵卷如针状，基生叶长为秆高的1/2～2/3。圆锥花序紧缩，长约5cm，基部为顶生叶鞘所包；小穗浅绿色；颖披针形，先端长渐尖，3脉，两颖等长或第一颖稍长，长约2.7cm；外稃长7～8mm，具条状毛，顶生1圈短毛，基盘尖锐，长约2mm，密生柔毛，芒一回膝曲扭转，芒柱长约1.2cm，芒针长6～7cm，具长约5mm的羽状毛；内稃与外稃近等长，具2脉，脊上具柔毛，外稃顶端光滑，不具毛环。花果期6～7月。

分布与生境 见于马鬃山、阿尔金山等地石砾山坡或戈壁滩上。

禾本科 Gramineae　针茅属 *Stipa* L.

短花针茅 *Stipa breviflora* Griseb.

形态特征 多年生草本，高20～60cm。须根坚韧，细长。秆具2～3节，基部有时膝曲，宿存枯叶鞘。叶鞘短于节间，基部者具短柔毛；基生叶舌钝，秆生叶舌顶端常2裂，均具缘毛；叶片纵卷如针状，基生叶长为秆高的1/2～2/3。圆锥花序狭窄，基部常为顶生叶鞘所包藏，分枝细而光滑，孪生，上部可再分枝而具少数小穗；小穗灰绿色或呈浅褐色；颖披针形，先端渐尖具3脉，等长或第一颖稍长；外稃长5.5～7mm，具5脉，顶端关节处生1圈短毛，其下具微小硬刺毛，背部具条状毛，基盘尖锐，密生柔毛，芒两回膝曲扭转，第一芒柱长1～1.6cm，第二芒柱长0.7～1cm，具长0.5～0.8mm的柔毛，芒针长3～6cm，具1～1.5mm的羽状毛；内稃与外稃近等长，具2脉，背部具疏柔毛。颖果长圆柱形，绿色。花期5～7月。

分布与生境 见于阿尔金山、祁连山等地石质山坡、干山坡或河谷阶地上。

禾本科 Gramineae　针禾属 *Stipagrostis* Nees

大颖针禾 *Stipagrostis grandiglumis* (Roshev.) Tzvelev

形态特征 多年生，高30～65cm。须根坚韧，外被砂套。秆紧密丛生，直立，平滑，基部具分枝，且具枯萎的叶鞘。叶鞘微糙涩，长于节间，疏松包茎，边缘膜质；叶舌短，具纤毛；叶片内卷，上面被短毛，下面平滑，长10～35cm。圆锥花序开展，长15～30cm，分枝细弱，单生，长3～10cm，斜升，顶端生少数小穗；小穗线形，草黄色或黄白色；颖片线状披针形，顶端渐尖，背面平滑或点状粗糙，腹面上部密被短毛，两颖不等长，第一颖长2.5～3cm，具5～7脉，两边脉不明显，第二颖长2～2.3cm，具3脉；外稃长8～9mm，具3脉，顶端微2裂，裂片及边缘薄膜质，基盘尖，长约1.5mm，具长1.5～2mm的柔毛，芒自外稃顶端2裂片间伸出，芒柱短，平滑，长约1mm，芒针全被长4～5mm的白色羽状毛，毛向顶部逐渐较短以至近无毛，主芒长约2.5cm，两侧芒长2～2.2cm；内稃倒卵形或椭圆形，长约2mm，有伸达中部的2脉；鳞被2，长约2mm，条状；花药长约5mm。花果期6～9月。

分布与生境 见于北山、马鬃山等地固定沙丘上。

禾本科 Gramineae　针禾属 *Stipagrostis* Nees

羽毛针禾 *Stipagrostis pennata* (Trin.) De Winter

形态特征 多年生草本，高30～50cm。须根坚韧，外被沙套。秆直立，平滑无毛。叶鞘长于节间，光滑无毛；叶舌短小，具长0.5～1mm的纤毛；叶片向内纵卷呈针状，长10～30cm。圆锥花序顶生，基部常包于叶鞘内；小穗草黄色，长13～17mm；颖长披针形，里面被皮刺状短毛，先端渐尖，第一颖具3～5脉，长10～17mm，第二颖具3脉，长8～15mm；外稃长5～6mm（连同基盘），背部光滑，具3脉，紧裹内稃，基盘锐尖，长约1mm，具短毛，芒全部具柔毛，毛长2～4mm，主芒长约10mm，侧芒稍短；花药黄色，长3.5～4.5mm。花果期6～8月

分布与生境 见于敦煌鸣沙山、阳关、崔木土山等地沙地、沙丘和沙垄上。

禾本科 Gramineae 狗尾草属 *Setaria* P. Beauv.

狗尾草 *Setaria viridis* (L.) P. Beauv.

形态特征 一年生草本，高10～100cm。根须状，高大植株具支持根。秆直立或基部膝曲。叶鞘松弛，无毛或疏具柔毛或疣毛，边缘具较长的密棉毛状纤毛；叶舌极短，缘有长1～2mm的纤毛；叶片长三角状狭披针形或线状披针形，常无毛，边缘粗糙。圆锥花序紧密呈圆柱状，主轴被较长柔毛，刚毛绿色或褐黄至紫红或紫色，粗糙，长4～12mm；小穗2～5个簇生，椭圆形，铅绿色；第一颖卵形、宽卵形，长约为小穗的1/3，具3脉；第二颖几与小穗等长，椭圆形，具5～7脉；第一外稃与小穗等长，具5～7脉；第二外稃椭圆形，具细点状皱纹，狭窄。颖果灰白色。花果期5～10月。

分布与生境 见于敦煌及周边荒野、道旁、荒地、田埂。

禾本科 Gramineae 马唐属 *Digitaria* Hill.

马唐 *Digitaria sanguinalis* (L.) Scop.

形态特征 一年生草本，高10～80cm。秆直立或下部倾斜，膝曲上升，无毛或节生柔毛。叶鞘短于节间，无毛或散生疣基柔毛；叶舌长1～3mm；叶片线状披针形，长5～15cm，基部圆形，边缘较厚，微粗糙，具柔毛或无毛。总状花序长5～18cm，4～12枚成指状着生于主轴上；穗轴直伸或开展，两侧具宽翼，边缘粗糙；小穗椭圆状披针形，长3～3.5mm；第一颖小，短三角形，无脉；第二颖具3脉，披针形，脉间及边缘大多具柔毛；第一外稃等长于小穗，具7脉，中脉平滑，两侧的脉间距离较宽，无毛，边脉上具小刺状粗糙，脉间及边缘生柔毛；第二外稃近革质，灰绿色，顶端渐尖，等长于第一外稃；花药长约1mm。花果期6～9月。

分布与生境 常见于敦煌及周边绿洲路旁、荒地、田埂。

禾本科 Gramineae | 隐花草属 *Crypsis* Aiton

隐花草 *Crypsis aculeata* (L.) Ait.

形态特征 一年生草本，高5～40cm。须根细弱。秆平卧或斜向上升，具分枝，光滑无毛。叶鞘短于节间，松弛或膨大；叶舌短小，顶生纤毛；叶片线状披针形，扁平或对折，边缘内卷，先端呈针刺状，上面微糙涩，下面平滑，长2～8cm，宽1～5mm。圆锥花序短缩成头状或卵圆形，长约16mm，下面紧托2枚膨大的苞片状叶鞘，小穗长约4mm，淡黄白色；颖膜质，不等长，顶端钝，具1脉，脉上粗糙或生纤毛，第一颖长约3mm，窄线形，第二颖长约3.5mm，披针形；外稃长于颖，薄膜质，具1脉，长约4mm，内稃与外稃同质，等长或稍长于外稃，具极接近而不明显的2脉；雄蕊2，花药黄色。囊果长圆形或楔形。花果期5～9月。

分布与生境 常见于党河下游、敦煌西湖等地河岸、沟旁及盐碱地。

禾本科 Gramineae 虎尾草属 *Chloris* Swartz

虎尾草 *Chloris virgata* Swartz.

形态特征 一年生草本，高12～75cm。秆直立或基部膝曲，光滑无毛。叶鞘背部具脊，包卷松弛，无毛；叶片线形，两面无毛。穗状花序5～10枚，指状着生于秆顶，常直立且并拢成毛刷状，成熟时常带紫色；小穗无柄；颖膜质，1脉；第一颖长约1.8mm，第二颖等长或略短于小穗；第一小花两性，外稃纸质，两侧压扁，呈倒卵状披针形，3脉，沿脉及边缘被疏柔毛，两侧边缘上部1/3处有长2～3mm的白色柔毛，顶端尖或有时具2微齿，芒自背部顶端稍下方伸出；内稃膜质，略短于外稃，具2脊，脊上被微毛；第二小花不孕，长楔形，仅存外稃，顶端截平或略凹，自背部边缘稍下方伸出。颖果纺锤形，淡黄色，光滑无毛而半透明。花果期6～10月。

分布与生境 常见于敦煌及周边绿洲路旁荒野、河岸沙地、戈壁及山上。

禾本科 Gramineae　稗属 *Echinochloa* P. Beauv.

稗 *Echinochloa crusgalli* (L.) P. Beauv.

形态特征 一年生草本，高50～150cm。秆光滑无毛，基部倾斜或膝曲。叶鞘疏松裹秆，平滑无毛；叶片扁平，线形，无毛，边缘粗糙。圆锥花序直立，近尖塔形；主轴具棱，粗糙或具疣基长刺毛；分枝斜上举或贴向主轴，有时再分小枝；穗轴粗糙或生疣基长刺毛；小穗卵形，脉上密被疣基刺毛，具短柄，密集在穗轴的一侧；第一颖三角形，具3～5脉，脉上具疣基毛，基部包卷小穗，先端尖，第二颖与小穗等长，先端渐尖或具小尖头，具5脉，脉上具疣基毛；第一小花常中性，其外稃草质，上部具7脉，脉上具疣基刺毛，顶端延伸成粗壮的芒，内稃薄膜质，具2脊，第二外稃椭圆形，平滑，光亮，顶端具小尖头，边缘内卷。花果期夏秋季。

分布与生境 见于敦煌、肃北周边沟边、田埂及荒地。

禾本科 Gramineae 狼尾草属*Pennisetum* Rich.

白草*Pennisetum flaccidum* Griseb.

形态特征 多年生草本，高20～90cm。具横走根茎。秆直立。叶鞘疏松包茎，近无毛，基部者密集近跨生，上部短于节间；叶舌短，具纤毛；叶片狭线形，长10～25cm，宽5～8mm，两面无毛。圆锥花序紧密，直立或稍弯曲，长5～15cm；主轴具棱角，无毛或罕疏生短毛；刚毛柔软，细弱，微粗糙，灰绿色或紫色；小穗常单生，卵状披针形；第一颖微小，先端钝圆、锐尖或齿裂，脉不明显；第二颖长为小穗的1/3～3/4，先端芒尖，具1～3脉；第一小花雄性，罕见或中性，第一外稃与小穗等长，厚膜质，先端芒尖，具3～5（7）脉，第一内稃透明，膜质或退化；第二小花两性，第二外稃具5脉，先端芒尖，与其内稃同为纸质；雄蕊3；花柱近基部联合。颖果长圆形。花果期7～10月。

分布与生境 见于敦煌及周边沟谷、河岸、湖泊岸边干燥之处。

禾本科 Gramineae 隐子草属 *Cleistogenes* Keng

无芒隐子草 *Cleistogenes songorica* (Roshev.) Ohwi

形态特征 多年生草本，高15～50cm。秆丛生，直立或稍倾斜，基部具密集枯叶鞘。叶鞘长于节间，无毛，鞘口有长柔毛；叶舌具短纤毛；叶片线形，长2～6cm，宽1.5～2.5mm，上面粗糙，扁平或边缘稍内卷。圆锥花序开展，长2～8cm，宽4～7mm，分枝开展或稍斜上，分枝腋间具柔毛；小穗长4～8mm，含3～6小花，绿色或带紫色；颖卵状披针形，近膜质，先端尖，具1脉，第一颖长2～3mm，第二颖长3～4mm；外稃卵状披针形，边缘膜质，第一外稃长3～4mm，5脉，先端无芒或具短尖头，内稃短于外稃，脊具长纤毛；花药黄色或紫色。颖果长约1.5mm。花果期7～9月。

分布与生境 见于北山、马鬃山、阿尔金山等地山前洪积扇，荒漠或半荒漠沙质地。

莎草科 Cyperaceae 薹草属 *Carex* L.

寸草 *Carex duriuscula* C. A. Gey.

形态特征 根状茎细长，匍匐。高5～20cm，秆纤细，平滑，基部叶鞘灰褐色，细裂成纤维状。叶短于秆，宽1～1.5mm，内卷，边缘稍粗糙。苞片鳞片状。穗状花序卵形或球形，长0.5～1.5cm，宽0.5～1cm；小穗3～6个，卵形，密生，长4～6mm，雄雌顺序，具少数花。雌花鳞片宽卵形或椭圆形，长3～3.2mm，锈褐色，边缘及顶端为白色膜质，顶端锐尖，具短尖。果囊稍长于鳞片，宽椭圆形或宽卵形，长3～3.5mm，宽约2mm，平凸状，革质，锈色或黄褐色，成熟时稍有光泽，两面具多条脉，基部近圆形，有海绵状组织，具粗的短柄，顶端急缩成短喙，喙缘稍粗糙，喙口白色膜质，斜截形。小坚果稍疏松地包于果囊中，近圆形或宽椭圆形，长1.5～2mm，宽1.5～1.7mm；花柱基部膨大，柱头2个。花果期4～6月。

分布与生境 常见于敦煌草原，山坡、路边或河岸湿地。

莎草科 Cyperaceae　水葱属 *Schoenoplectus* (Rchb.) Pall.

水葱 *Schoenoplectus tabernaemontani* (C. C. Gmel.) Pall.

形态特征 匍匐根状茎粗壮，具许多须根。秆高大，圆柱状，高1～2m，平滑，基部具3～4个叶鞘，管状，膜质，最上面一个叶鞘具叶片；叶片线形。苞片1枚，为秆的延长，直立，钻状，常短于花序。长侧枝聚伞花序简单或复出，假侧生，具4～13或更多个辐射枝；辐射枝长可达5cm，一面凸，一面凹，边缘有锯齿；小穗单生或2～3个簇生于辐射枝顶端，卵形或长圆形，具多数花；鳞片椭圆形或宽卵形，顶端稍凹，膜质，棕色或紫褐色，背面有铁锈色突点，脉1条，边缘具缘毛；下位刚毛6条，红棕色，有倒刺；雄蕊3，花药线形；花柱中等长，柱头2，罕3。小坚果倒卵形或椭圆形，双凸状。花果期6～9月。

分布与生境 见于东湖、三道泉、阳关等地湖边或浅水塘中。

莎草科 Cyperaceae　藨草属 *Scirpus* L.

藨草 *Scirpus triqueter* L.

形态特征 水生植物，高20～90cm。匍匐根状茎长，直径1～5mm，干时呈红棕色。秆散生，粗壮，三棱形，基部具2～3个鞘，鞘膜质，横脉明显隆起。叶片扁平，长1.3～8cm，宽1.5～2mm。苞片1枚，为秆的延长，三棱形。简单长侧枝聚伞花序假侧生，有1～8个辐射枝；辐射枝三棱形，棱上粗糙，每辐射枝顶端有1～8个簇生的小穗；小穗卵形或长圆形，花密生；鳞片长圆形、椭圆形或宽卵形，黄棕色，边缘疏生缘毛；下位刚毛3～5条，全长都生有倒刺；雄蕊3，花药线形，药隔暗褐色；花柱短，柱头2。小坚果倒卵形，平凸状，成熟时褐色。花果期6～9月。

分布与生境 见于三道泉、大泉河等地潮湿多水之地，水沟、水塘、山溪边或沼泽地。

百合科 Liliaceae　葱属 *Allium* L.

蒙古韭 *Allium mongolicum* Regel

形态特征 多年生草本。鳞茎密集丛生，圆柱状；鳞茎外皮褐黄色，破裂成纤维状，松散。叶基生，半圆柱状至圆柱状，比花莛短，粗0.5～1.5mm。花莛圆柱状，高10～30cm，下部被叶鞘；总苞单侧开裂，宿存；伞形花序半球状至球状，具多而通常密集的花；小花梗近等长，基部无小苞片；花淡红色、淡紫色至紫红色，大；花被6片，卵状矩圆形，长6～9mm，先端钝圆，内轮的常比外轮的长；花丝近等长，为花被片长度的1/2～2/3，基部合生并与花被片贴生，内轮的基部约1/2扩大成卵形，外轮锥形；子房倒卵状球形，花柱略比子房长，不伸出花被外。花果期7～9月。

分布与生境 见于肃北、阿克塞、马鬃山、北山等地荒漠、沙地或干旱山坡。

百合科 Liliaceae　葱属 *Allium* L.

碱韭 *Allium polyrhizum* Turcz. ex Regel

形态特征 多年生草本。鳞茎成丛地紧密簇生，圆柱状；鳞茎外皮黄褐色，破裂成纤维状，近网状，紧密或松散。叶半圆柱状，边缘具细糙齿，比花莛短，粗0.25～1mm。花莛圆柱状，高7～35cm，下部被叶鞘；总苞2～3裂，宿存；伞形花序半球状，花多且密集；小花梗近等长，基部具小苞片；花紫红色或淡紫红色，稀白色；花被片长3～8.5mm，外轮呈狭卵形至卵形，内轮呈矩圆形至矩圆状狭卵形；花丝等长、近等长于或略长于花被片，基部1/6～1/2合生成筒状，合生部分的1/3～1/2与花被片贴生，内轮分离部分的基部扩大，扩大部分每侧各具1锐齿，极少无齿，外轮的锥形；子房卵形，腹缝线基部深绿色，不具凹陷的蜜穴，花柱比子房长。花果期6～8月。

分布与生境 见于肃北、阿克塞等周边山坡或草地上。

百合科 Liliaceae　葱属 *Allium* L.

青甘韭 *Allium przewalskianum* Regel

形态特征 鳞茎数枚聚生，有时基部被以共同的网状鳞茎外皮，狭卵状圆柱形；鳞茎外皮红色，破裂成纤维状，呈明显的网状，常紧密地包围鳞茎。叶半圆柱状至圆柱状，具4～5纵棱。花葶圆柱状，下部被叶鞘；总苞单侧开裂，具喙，宿存；伞形花序球状或半球状，花多数；小花梗近等长，基部无小苞片；花淡红色至深紫红色；花被片先端微钝，内轮的矩圆形至矩圆状披针形，外轮的卵形或狭卵形，略短；花丝等长，在基部合生并与花被片贴生，蕾期花丝反折，内轮花丝基部扩大成矩圆形，每侧各具1齿，互相交接，外轮锥形；子房球状，基部无凹陷的蜜穴，花柱在花刚开放时被包围在3枚内轮花丝扩大部分所组成的三角锥体中，花后期伸出。花果期6～9月。

分布与生境 见于阿尔金山、祁连山北麓山坡、石缝、灌丛下或草坡。

百合科 Liliaceae　天门冬属 *Asparagus* L.

攀援天门冬 *Asparagus brachyphyllus* Turcz.

形态特征 攀援植物。块根肉质，近圆柱状，粗7～15mm。茎近平滑，长20～100cm，分枝具纵凸纹，通常有软骨质齿；叶状枝每4～10枚成簇，近扁的圆柱形，略有几条棱，伸直或弧曲，长4～12（20）mm，粗约0.5mm，有软骨质齿，较少齿不明显。鳞片状叶基部有长1～2mm的刺状短距，有时距不明显。花通常每2～4朵腋生，淡紫褐色；花梗长3～6mm，关节位于近中部；雄花花被长7mm，花丝中部以下贴生于花被片上；雌花较小，花被长约3mm。浆果直径6～7mm，熟时红色，通常有4～5粒种子。花期5～6月，果期8月。

分布与生境 见于敦煌西湖湿地。

百合科 Liliaceae 天门冬属 *Asparagus* L.

天门冬 *Asparagus cochinchinensis* (Lour.) Merr.

形态特征 攀援植物。根在中部或近末端成纺锤状膨大，膨大部分长3～5cm，粗1～2cm。茎平滑，常弯曲或扭曲，长可达1～2m，分枝具棱或狭翅；叶状枝通常每3枚成簇，扁平或由于中脉龙骨状而略呈锐三棱形，稍镰刀状，长0.5～8cm，宽1～2mm。茎上的鳞片状叶基部延伸为硬刺，长2.5～3.5mm，分枝上的刺较短或不明显。花通常2朵腋生，淡绿色；花梗长2～6mm，关节位于中部；雄花花被长2.5～3mm，花丝不贴于花被片上；雌花大小和雄花相似。浆果直径6～7mm，成熟红色，种子1粒。花期5～6月，果期8～10月。

分布与生境 见于北山、马鬃山、石包城等地山坡、路旁、疏林下、山谷或荒地上。

百合科Liliaceae 天门冬属*Asparagus* L.

戈壁天门冬 *Asparagus gobicus* Ivan. ex Grubov

形态特征 半灌木，高15～45cm。坚挺，近直立。根细长，粗1.5～2mm。茎上部通常迥折状，中部具纵向剥离的白色薄膜，分枝常强烈迥折状，略具纵凸纹，疏生软骨质齿；叶状枝每3～8枚成簇，通常下倾或平展，和分枝交成钝角；近圆柱形，略有几条不明显的钝棱，长0.5～2.5cm，粗0.8～1mm，较刚硬。鳞片状叶基部具短距，无硬刺。花每1～2朵腋生；花梗长2～4mm，关节位于近中部或上部；雄花花被长5～7mm，花丝中部以下贴于花被片上；雌花略小于雄花。浆果直径5～7mm，熟时红色，有3～5粒种子。花果期5～9月。

分布与生境 见于北山、马鬃山、阿尔金山沙地或多沙荒原、山坡上。

鸢尾科 Iridaceae 鸢尾属 *Iris* L.

马蔺 *Iris lactea* Pall.

形态特征 多年生密丛草本。须根粗而长，黄白色，少分枝。根状茎粗壮，木质，斜伸，外包有大量致密的红紫色折断的老叶残留叶鞘及毛发状的纤维。叶基生，坚韧，灰绿色，条形或狭剑形，顶端渐尖，基部鞘状，带红紫色。花茎光滑，高3～10cm；苞片3～5枚，草质，绿色，边缘白色，披针形，顶端渐尖或长渐尖，内包含有2～4朵花；花浅蓝色、蓝色或蓝紫色，花被上有较深色的条纹；雄蕊长2.5～3.2cm，花药黄色，花丝白色；子房纺锤形。蒴果长椭圆状柱形，有6条明显的肋，顶端有短喙。种子为不规则的多面体，棕褐色，略有光泽。花果期5～9月。

分布与生境 见于肃北、阿克塞等地荒地、路旁、山坡草地。

鸢尾科 Iridaceae　鸢尾属 *Iris* L.

细叶鸢尾 *Iris tenuifolia* Pall.

形态特征 多年生密丛草本。植株基部存留有红褐色或黄棕色折断的老叶叶鞘。根状茎块状，短而硬，木质，黑褐色。根坚硬，细长，分枝少。叶质地坚韧，丝状或狭条形，扭曲。花茎长度随埋沙深度而变化，通常甚短，不伸出地面；苞片4，披针形，顶端长渐尖或尾状尖，边缘膜质，中肋明显，内包含有2～3朵花；花蓝紫色；花梗细；外花被裂片匙形，爪部较长，中央下陷呈沟状，中脉上无附属物，但常生有纤毛，内花被裂片倒披针形，直立；雄蕊长约3cm，花丝与花药近等长；花柱顶端裂片狭三角形，子房细圆柱形。蒴果倒卵形，顶端有短喙，成熟时沿室背自上而下开裂。花期4～5月，果期8～9月。

分布与生境 见于石包城、多坝沟等地沙质地上。

中文名索引

A

矮大黄 016
艾 137

B

霸王 096
白草 196
白刺 087
白麻 113
百花蒿 150
稗 195
萹蓄 014
变异黄芪 073
藨草 200
滨藜 021
冰草 175

C

苍耳 170
长毛荚黄芪 071
长穗柽柳 104
长叶碱毛茛 056
刺儿菜 158
刺沙蓬 047
刺旋花 119
刺叶柄棘豆 078
粗茎驼蹄瓣 093
寸草 198

D

打碗花 117
大白刺 084
大花蒿 140
大花驼蹄瓣 094
大颖针禾 189
垫状驼绒藜 040
碟果虫实 029
顶羽菊 159
独行菜 060
短花针茅 188
短穗柽柳 105
短叶假木贼 018
多花柽柳 103
多裂骆驼蓬 089
多枝柽柳 107

E

鹅绒藤 115
鹅绒委陵菜 065
二裂委陵菜 066
二色补血草 112

F

拂子茅 177

G

甘草 077
甘蒙柽柳 101
甘青铁线莲 054
甘肃驼蹄瓣 092
刚毛柽柳 102
戈壁沙拐枣 012

戈壁天门冬 206
戈壁针茅 187
狗尾草 191
枸杞 128
拐轴鸦葱 153
灌木铁线莲 052
灌木亚菊 151

H

海韭菜 172
海乳草 110
蒿叶猪毛菜 042
合头草 050
河西菊 147
鹤虱 126
黑翅地肤 037
黑果枸杞 129
黑沙蒿 141
红花山竹子 074
红砂 098
胡杨 006
虎尾草 194
花花柴 149
画眉草 181
荒漠锦鸡儿 082
黄花补血草 111
黄花蒿 136
黄花红砂 100
黄花软紫草 123
黄花铁线莲 053
灰绿藜 026
灰毛软紫草 122
灰叶铁线莲 055

J

芨芨草 173
蒺藜 090
戟叶鹅绒藤 116
假苇拂子茅 178
尖头叶藜 025
尖叶盐爪爪 034
碱蒿 135
碱韭 202
碱蓬 049
碱菀 156
角果碱蓬 048
金露梅 068
绢毛蒿 143

K

苦豆子 080
苦苣菜 171
苦马豆 081
苦荬菜 167
宽苞水柏枝 108
宽叶独行菜 061

L

赖草 182
了墩黄芪 072
梨叶木蓼 011
蓼子朴 148
龙蒿 139
芦苇 184
罗布麻 114
裸果木 051
骆驼刺 069
骆驼蓬 088

M

马蔺 207
马唐 192
毛穗赖草 183
美丽风毛菊 164
蒙古虫实 028
蒙古韭 201
蒙古鸦葱 154
蒙古莸 127
膜果麻黄 002
木本猪毛菜 043
木地肤 038
木贼麻黄 003

N

内蒙古旱蒿 144
扭果花旗杆 059

P

帕米尔白刺 083
攀援天门冬 204
泡泡刺 086
披碱草 179
蒲公英 168

Q

青甘韭 203

R

肉苁蓉 131
乳苣 163
锐枝木蓼 010

S

三芒草 176
沙苁蓉 132
沙拐枣 013
沙蒿 138
沙木蓼 009
沙蓬 017
沙生针茅 186
砂蓝刺头 162
砂引草 125
绳虫实 027
蓍状亚菊 152
石生驼蹄瓣 095
疏花软紫草 124
水葱 199
丝路蓟 157
松叶猪毛菜 045
梭梭 033
锁阳 109

T

天门冬 205
田旋花 118
菟丝子 120
驼绒藜 039
驼蹄瓣 091

W

紊蒿 146
无芒隐子草 197
五柱红砂 099
雾冰藜 024

X

西伯利亚滨藜 …… 022
西伯利亚蓼 …… 015
细穗柽柳 …… 106
细叶假还阳参 …… 169
细叶鸢尾 …… 208
细枝山竹子 …… 075
细枝盐爪爪 …… 036
线叶柳 …… 007
小苞瓦松 …… 063
小车前 …… 134
小甘菊 …… 160
小果白刺 …… 085
小花棘豆 …… 079
小花糖芥 …… 058
小画眉草 …… 180
小叶金露梅 …… 067
小獐毛 …… 174
斜茎黄芪 …… 070
星毛短舌菊 …… 161

Y

盐地风毛菊 …… 166
盐角草 …… 041
盐节木 …… 030
盐生草 …… 031
盐生车前 …… 133
盐生假木贼 …… 019
盐穗木 …… 032
盐爪爪 …… 035
野胡麻 …… 130
野西瓜苗 …… 097
翼茎风毛菊 …… 165
隐花草 …… 193
硬萼软紫草 …… 121
榆树 …… 008
羽毛针禾 …… 190

Z

燥原荠 …… 062
胀果甘草 …… 076
爪瓣山柑 …… 057
沼委陵菜 …… 064
珍珠猪毛菜 …… 046
中亚滨藜 …… 020
中亚紫菀木 …… 145
轴藜 …… 023
帚状鸦葱 …… 155
猪毛菜 …… 044
猪毛蒿 …… 142
紫花针茅 …… 185

学名索引

A

Achnatherum splendens (Trin.) Nevski ········ 173
Acroptilon repens (L.) DC. ········ 159
Aeluropus pungens (M. Bieb.) C. Koch ········ 174
Agriophyllum squarrosum (L.) Moq. ········ 017
Agropyron cristatum (L.) Gaertn. ········ 175
Ajania achilloides (Turcz.) Poljak. ex Grub. ········ 152
Ajania fruticulosa (Ledeb.) Poljak. ········ 151
Alhagi sparsifolia Shap. ········ 069
Allium mongolicum Regel ········ 201
Allium polyrhizum Turcz. ex Regel ········ 202
Allium przewalskianum Regel ········ 203
Anabasis brevifolia C. A. Mey. ········ 018
Anabasis salsa (C. A. Mey.) Benth. ex Volkens ········ 019
Apocynum pictum Schrenk ········ 113
Apocynum venetum L. ········ 114
Aristida adscensionis L. ········ 176
Arnebia decumbens (Vent.) Coss. et Kral. ········ 121
Arnebia fimbriata Maxim. ········ 122
Arnebia guttata Bunge ········ 123
Arnebia szechenyi Kanitz ········ 124
Artemisia anethifolia Web. ex Stechm. ········ 135
Artemisia annua L. ········ 136
Artemisia argyi H. Levl. et Van. ········ 137
Artemisia desertorum Spreng. ········ 138
Artemisia dracunculus L. ········ 139
Artemisia macrocephala Jacq. ex Bess. ········ 140
Artemisia ordosica Krasch. ········ 141
Artemisia scoparia Waldst. et Kit. ········ 142
Artemisia sericea Web. ex Stechm. ········ 143
Artemisia xerophytica Krasch. ········ 144
Asparagus brachyphyllus Turcz. ········ 204
Asparagus cochinchinensis (Lour.) Merr. ········ 205
Asparagus gobicus Ivan. ex Grubov ········ 206
Asterothamnus centraliasiaticus Novopokr. ········ 145
Astragalus laxmannii Jacq. ········ 070
Astragalus monophyllus Maxim. ········ 071
Astragalus pavlovii B. Fedtsch. et Basil. ········ 072
Astragalus variabilis Bunge ········ 073
Atraphaxis bracteata A. Los. ········ 009
Atraphaxis pungens (M.B.) Jaub. et Spach. ········ 010
Atraphaxis pyrifolia Bunge ········ 011
Atriplex centralasiatica Iljin ········ 020
Atriplex patens (Litv.) Iljin ········ 021
Atriplex sibirica L. ········ 022
Axyris amaranthoides L. ········ 023

B

Bassia dasyphylla (Fisch. et C. A. Mey.) Kuntze · 024
Brachanthemum pulvinatum (Hand.-Mazz.) C. Shih ········ 161

C

Calamagrostis epigeios (L.) Roth ········ 177
Calamagrostis pseudophragmites (A.Hall.) Koeler. ········ 178
Calligonum gobicum (Bge. ex Meisn.) A. Los. ········ 012
Calligonum mongolicum Turcz. ········ 013
Calystegia hederacea Wall. ········ 117
Cancrinia discoidea (Ledeb.) Poljak. ex Tzvel. ··· 160

Capparis himalayensis Jafri ········ 057
Caragana roborovskyi Kom. ········ 082
Carex duriuscula C. A. Gey. ········ 198
Caryopteris mongholica Bunge ········ 127
Chenopodium acuminatum Willd. ········ 025
Chenopodium glaucum L. ········ 026
Chloris virgata Swartz. ········ 194
Cirsium arvense (L.) Scop. ········ 157
Cirsium arvense var. *integrifolium* (Wimm. Et Grab.) L. Q. Zhao et Y. Z. Zhao ········ 158
Cistanche deserticola Ma ········ 131
Cistanche sinensis Beck ········ 132
Cleistogenes songorica (Roshev.) Ohwi ········ 197
Clematis fruticosa Turcz. ········ 052
Clematis intricata Bunge ········ 053
Clematis tangutica (Maxim.) Korsh. ········ 054
Clematis tomentella (Maxim.) W. T. Wang et L. Q. Li ········ 055
Comarum palustre L. ········ 064
Convolvulus arvensis L. ········ 118
Convolvulus tragacanthoides Turcz. ········ 119
Corethrodendron multijugum (Maxim.) B. H. Choi et H. Ohashi ········ 074
Corethrodendron scoparium (Fisch.et C.A.Mey.) Fisch. et Basiner ········ 075
Corispermum declinatum Steph. ex Iljin. ········ 027
Corispermum mongolicum Iljin ········ 028
Corispermum patelliforme Iljin ········ 029
Crepidiastrum tenuifolium (Wild.) Sennikov ········ 169
Crypsis aculeata (L.) Ait. ········ 193
Cuscuta chinensis Lam. ········ 120
Cynanchum chinense R. Br. ········ 115
Cynanchum sibiricum Willd ········ 116
Cynomorium songaricum Rupr. ········ 109

D

Digitaria sanguinalis (L.) Scop. ········ 192
Dodartia orientalis L. ········ 130
Dontostemon elegans Maxim. ········ 059

E

Echinochloa crusgalli (L.) P. Beauv. ········ 195
Echinops gmelinii Turcz. ········ 162
Elachanthemum intricatum (Franch.) Ling et. Y. R. Ling ········ 146
Elymus dahuricus Turcz. ········ 179
Ephedra equisetina Bunge ········ 003
Ephedra przewalskii Stapf ········ 002
Eragrostis minor Host ········ 180
Eragrostis pilosa (L.) P. Beauv. ········ 181
Erysimum cheiranthoides L. ········ 058

G

Glaux maritima L. ········ 110
Glycyrrhiza inflata Batalin. ········ 076
Glycyrrhiza uralensis Fisch. ········ 077
Gymnocarpos przewalskii Bunge ex Maxim. ········ 051

H

Halerpestes ruthenica (Jacq.) Ovcz. ········ 056
Halocnemum strobilaceum (Pall.) Bieb. ········ 030
Halogeton glomeratus (M.Beib.) C. A. Mey. ········ 031
Halostachys caspica C. A. Mey. ········ 032
Haloxylon ammodendron (C. A. Mey.) Bunge ········ 033
Hibiscus trionum L. ········ 097

I

Inula salsoloides (Turcz.) Ostenf. ········ 148
Iris lactea Pall. ········ 207

Iris tenuifolia Pall. ········· 208
Ixeris polycephala Cass. ex DC. ········· 167

K

Kalidium cuspidatum (Ung.-Sternb.) Grub. ········· 034
Kalidium foliatum (Pall.) Moq. ········· 035
Kalidium gracile Fenzl ········· 036
Karelinia caspia (Pall.) Less. ········· 149
Kochia melanoptera Bunge ········· 037
Kochia prostrata (L.) Schrad. ········· 038
Krascheninnikovia ceratoides (L.) Gueld. ········· 039
Krascheninnikovia compacta (Losinsk.) Grubov · 040

L

Lactuca tatarica (L.) C. A. Mey. ········· 163
Lappula myosotis Moench ········· 126
Launaea polydichotoma (Ostenf.) H. L. Yang ········· 147
Lepidium apetalum Willd. ········· 060
Lepidium latifolium L. ········· 061
Leymus paboanus (Claus) Pilger ········· 183
Leymus secalinus (Georgi) Tzvel. ········· 182
Limonium aureum (L.) Hill ········· 111
Limonium bicolor (Bunge) Kuntze ········· 112
Lycium chinense Mill. ········· 128
Lycium ruthenicum Murr. ········· 129

M

Myricaria bracteata Royle ········· 108

N

Nitraria pamirica Vassil. ········· 083
Nitraria roborowskii Kom. ········· 084
Nitraria sibirica Pall. ········· 085
Nitraria sphaerocarpa Maxim. ········· 086
Nitraria tangutorum Bobr. ········· 087

O

Orostachys thyrsifloras Fisch. ········· 063
Oxytropis aciphylla Ledeb. ········· 078
Oxytropis glabra (Lam.) DC. ········· 079

P

Peganum harmala L. ········· 088
Peganum multisectum (Maxim.) Bobr. ········· 089
Pennisetum flaccidum Griseb. ········· 196
Phragmites australis (Cav.) Trin. ex Steud. ········· 184
Plantago maritima L. subsp. *ciliata* Printz. ········· 133
Plantago minuta Pall. ········· 134
Polygonum aviculare L. ········· 014
Polygonum sibiricum Laxm. ········· 015
Populus euphratica Oliv. ········· 006
Potentilla anserine L. ········· 065
Potentilla bifurca L. var. *bifurca* ········· 066
Potentilla fruticosa L. ········· 068
Potentilla parvifolia (Fisch. ex Lehm.) Sojuk. ········· 067

R

Reaumuria kaschgarica Rupr. ········· 099
Reaumuria songarica (Pallas) Maxim. ········· 098
Reaumuria trigyna Maxim. ········· 100
Rheum nanum Siev. ex Pall. ········· 016

S

Salicornia europaea L. ········· 041
Salix wilhelmsiana M. Bieb. ········· 007
Salsola abrotanoides Bunge. ········· 042
Salsola arbuscula Pall. ········· 043
Salsola collina Pall. ········· 044

Salsola laricifolia Turcz. ex Litv. ························ 045
Salsola passerina Bunge························ 046
Salsola tragus L. ························ 047
Saussurea alata DC. ························ 165
Saussurea petrovii Lipsch. ························ 164
Saussurea salsa (Pall.) Spreng. ························ 166
Schoenoplectus tabernaemontani (C. C. Gmel.) Pall. ························ 199
Scirpus triqueter L. ························ 200
Scorzonera divaricate Turcz. ························ 153
Scorzonera mongolica Maxim. ························ 154
Scorzonera pseudodivaricata Lipsch. ························ 155
Setaria viridis (L.) P. Beauv. ························ 191
Sonchus oleraceus L. ························ 171
Sophora alopecuroides L. ························ 080
Sphaerophysa salsula (Pall.) DC. ························ 081
Stevenia canescens (DC.) D. A. German ························ 062
Stilpnolepis centiflora (Maxim.) Krasch. ························ 150
Stipa breviflora Griseb. ························ 188
Stipa caucasica subsp. *glareosa* (P. A. Smirn.) Tzvelev ························ 186
Stipa purpurea Griseb. ························ 185
Stipa tianschanica var. *gobica* (Roshev.) P. C. Kuo & Y. H. Sun ························ 187
Stipagrostis grandiglumis (Roshev.) Tzvelev ························ 189
Stipagrostis pennata (Trin.) De Winter ························ 190
Suaeda corniculata (C. A. Meg) Bunge ························ 048
Suaeda glauca (Bunge) Bunge ························ 049
Sympegma regelii Bunge ························ 050

T

Tamarix austromongolica Nakai ························ 101
Tamarix elongata Ledeb. ························ 104
Tamarix hispida Willd. ························ 102
Tamarix hohenackeri Bunge ························ 103
Tamarix laxa Willd. ························ 105
Tamarix leptostachya Bunge ························ 106
Tamarix ramosissima Ledeb. ························ 107
Taraxacum mongolicum Hand.-Mazz. ························ 168
Tournefortia sibirica L. ························ 125
Tribulus terrestris L. ························ 090
Triglochin maritima L. ························ 172
Tripolium pannonicum (Jacq.) Dobr. ························ 156

U

Ulmus pumila L. ························ 008

X

Xanthium strumarium L. ························ 170

Z

Zygophyllum fabago L. ························ 091
Zygophyllum kansuense Y. X. Liou ························ 092
Zygophyllum loczyi Kanitz ························ 093
Zygophyllum potaninii Maxim. ························ 094
Zygophyllum rosowii Bunge ························ 095
Zygophyllum xanthoxylum (Bunge) Maxim. ························ 096